大数据工程技术与应用

数据库性能管理与调优

[韩]金　范　**主编**

上海科学技术出版社

图书在版编目(CIP)数据

数据库性能管理与调优 / (韩) 金范主编. —上海：
上海科学技术出版社，2016. 10
(大数据工程技术与应用)
ISBN 978-7-5478-3239-4

Ⅰ. ①数… Ⅱ. ①金… Ⅲ. ①关系数据库系统 Ⅳ.
①TP311. 138

中国版本图书馆 CIP 数据核字(2016)第 206351 号

数据库性能管理与调优
[韩] 金　范　主编

上海世纪出版股份有限公司
上 海 科 学 技 术 出 版 社　出版
(上海钦州南路 71 号　邮政编码 200235)

上海世纪出版股份有限公司发行中心发行
200001　上海福建中路 193 号　www. ewen. co
苏州望电印刷有限公司印刷
开本 787×1092　1/16　印张 7
字数 140 千字
2016 年 10 月第 1 版　2016 年 10 月第 1 次印刷
ISBN 978-7-5478-3239-4/TP・43
定价：27.00 元

内容提要

本书重点介绍数据库性能管理与调试的理论及应用。首先强调任何系统的分析、设计、开发、测试、操作阶段都需要进行性能管理，并系统分析了各个阶段的性能管理应该关注的不同对象及目标。在以 Oracle 数据库为基础构建的系统中，将性能调试分为操作系统级调试和 DBMS 级调试分别进行详细介绍。在 DBMS 级调试阶段，为了在短时间内以低成本得到数据库性能提升效果，最好的方式是进行 SQL 调试，索引和连接就是 SQL 调试中必不可少的重要存在，是快速提取表中数据的手段，但是使用不当很容易适得其反，所以书中结合具体例子介绍索引和连接的使用方法及注意事项。

本书适合从事数据库管理和优化的研究人员及技术人员参考使用。

丛书序

"数支配着宇宙"——毕达哥拉斯。

大数据技术，使这句2000多年前的哲言如此形象、如此真切；大数据技术，正以前所未有的发展速度变革着人类的认知、产业和生活。

当前，我国正处于创新驱动发展、产业全面转型升级的关键阶段，大数据既是新的经济增长点，更是推进创新与发展的利器。上海产业技术研究院以服务于成果转化和产业化为使命，较早开始了大数据的应用研究和服务工作，构建了大数据应用技术平台，针对重点行业开展了一批大数据应用研究，涉及数据建模、数据分析、数据安全和数据库管理相关软件开发、测试、评价等多个方面。本丛书的出版既是前期工作探索的分享，更是进一步服务于成果转化和产业化的一个尝试。

大数据应用与产业化急需大量的工程应用技术人才。本丛书主要面向大数据工程应用的广大科技人员，在内容上汇聚了不同国家和区域、不同专业和领域的专家智慧，侧重大数据工程化知识、最佳实践和实用技巧，力求可操作性、实用性。

由于大数据技术研究和应用是一个新兴领域，发展方兴未艾，本丛书在编撰过程中因编者的知识和经验局限，必然存在许多不当之处，敬请广大读者提出宝贵意见。

钮晓鸣

2016年9月

前 言

企业通过数据库对大量的信息进行管理和使用,并正在创造出巨大的利益。然而,如何有效地管理每天都在快速增长的信息,这无疑是一个难题,随着数据的日益增加,企业正面临着与性能问题相关的很多困难。

数据库性能低下的问题会摧毁企业与客户之间的信任,然而,此类问题也很难在一两天解决。因此,只有投入大量的时间和费用,才能解决性能问题。如此一来,也给数据库性能低下的企业造成了巨大的损失。

数据库是运行系统、网络、程序等多种要素相结合运行的系统。为了确保这种复杂系统的稳定性,必须采取多方位的分析和监控,以及相应措施并行的处理方式。大多数企业为了进行期间业务与客户服务而使用数据库。作为支持此业务的重要系统,随着时间的推移、数据与用户的增多,性能会渐渐减弱,成为各企业的一个大麻烦,特别是执行管理任务的 DBA 或系统管理人员更是陷入困境。因此,DBA 和系统管理人员在了解性能管理重要性的同时,也需要熟知 OS 调试、网络调试、数据库调试、应用程序调试等的实战知识。

性能问题的产生可能有多种原因,其中包括两个主要原因:一种是构建数据库时,由于以结果为主的构建与时间的计算,设计出的数据库性能欠佳,或未能构建出优化的数据库,这种情况下,随着时间的推移,便会渐渐出现性能低下的问题;另一种是访问数据库的 SQL 未能实现优化,从而导致性能的低下。性能管理并非只单纯地出现在系统的运行和使用中,在对任意系统进行分析、设计、开发、测试、运行的阶段中,性能管理都是不可或缺的步骤。此外,以数据库为基础构建的系统,其各阶段均需要在考虑数据库相关事项后再进行操作。

本系列丛书阐述了操作现场可能出现的数据库性能管理方法,希望能够成为帮助初学者和专业人士的性能管理指南。

本书由金范编写,张青对本书进行了认真校对,周兆明、王一帆、邱雯参与了资料的收集、整理、录入等工作。此外，本书的编写得到了上海产业技术研究院大数据专家委员会等相关单位的大力支持和指导，上海产业技术研究院的组织协调也使本书得以顺利出版，在此一并表示衷心感谢。

金　范

2016 年 6 月

目 录

第1章

数据库性能管理

1.1 对数据库性能管理的访问

数据库系统是由操作系统(operation system, OS)、数据库管理系统、网络、应用程序等多种要素构成的应用系统。为使这种复杂的系统保持稳定的性能,须从多方面展开分析和监测,同时采取适当的措施。为了业务线和客户服务,大部分企业使用了数据库。随着数据和用户的增加,支持这种业务的系统性能不断降低,成为各企业的难题。管理此系统的DBA或者系统管理员尤其如此。在此,本书将为DBA或系统管理员介绍性能管理的重要性和OS调优、网络调优、数据库调优、应用程序调优等实战知识。

数据库性能出现问题时,一般有两种解决方法:

(1) 提高系统配置。例如,增加CPU和内存等OS中有限的资源,更换性能良好的磁盘,用性能更好的机器替换系统本身等方法。

(2) 进行调优。即在保持原本有限资源的前提下,多方面调优内存、CPU、磁盘、数据库、应用程序,以保证工作效率。

性能下降的主要原因有应用程序的结构问题、数据和并发用户数量持续增加、新应用程序增加等。由用户增加导致性能下降时,可以通过增设硬件资源轻松解决,但如果是随着时间增加而产生的数据、系统、数据库结构等方面的问题,则无法通过增加硬件解决。这种情况下,则需要进行调优,即性能管理。通常经数据库性能管理专家的调优,性能可以提高20%~50%,不用增设特殊硬件便可达到满意的结果。

1.2 按项目阶段进行性能管理

并不只在运行和使用系统时才需要性能管理。任何系统的分析、设计、开发、测试、操作阶段都需要进行性能管理。此外,以Oracle数据库为基础构建的系统,所有阶段均需要参考数据库相关的内容进行操作。

1) 分析阶段

在分析阶段进行分析时需考虑整体性能和稳定性,此时业务流程优化、系统结构(technical architecture)设置、容量计算(capacity)非常重要。在业务流程优化期间,系统进行电算化的同时改善低效率流程,以提高整体性能。系统结构要先考虑事务处理量、稳定性、维护等再确定结构，容量计算要先通过应用分析出待构建业务的事务、并发用户数、数据的增加值等的预期值再进行计算。需要了解的是，并不需要准确地计算出容量，只需使用大致的经验值进行计算即可。开发与过去BMT(Bench Mark Testing)结果类似的系统时，大致的经验可以成为测试资料等宝贵的参考资料。此外，计算容量时最好留出多余的空间。将来开放系统后，相对于空间不足，有多余的空间将更有利于计算出更准确的容量。

2）设计阶段

相比逻辑性设计，在进行数据物理设计时需要考虑与性能相关的操作。以逻辑性设计时导出的ERD(entity relationship diagram)为基础，构建系统结构和性能，并进行物理设计。此时须考虑请求响应时间、分布式数据库环境、并发用户数、数据大小、批量处理等。当然，应用程序设计同样与数据库息息相关，因此设计应用程序时要使其发挥最佳性能。

3）开发阶段

在开发阶段，为有效构思SQL、PL/SQL等，需要提高开发者的能力。此外，开发者对数据库优化的理解并非仅仅是通过SQL得出结果，而是构思可最小化内部处理量的SQL，以便对整个系统的性能产生良好影响。

4）测试和运行阶段

最后的测试和运行阶段可执行的操作包括应用程序调优、数据库调优、OS调优等。开发和测试阶段的调优非常重要，足以决定系统开放的成败。开放之前调优得越多，开放后就越稳定。开放系统时，很多客户时常因应用程序完成度、结构上的问题、性能问题等原因而推迟开放系统，这是由于分析和设计阶段未能完美执行。以上介绍了各个阶段需要考虑的调优重点。现在开始介绍开发、测试、运行阶段要考虑的与数据库联动的OS和网络调优。

按项目阶段进行数据库性能管理如图1－1所示。

分析	设计	开发	测试和运行
业务流程优化 系统结构 capacity	数据物理设计 应用程序设计	SQL,PL/SQL 构思的效率 优化的理解和 适应性 索引的政策	OS调试 网络调试 数据库调试 应用程序调试

图1－1　按项目阶段进行数据库性能管理

1.3　定期数据库调优

系统管理员必须了解“要持续定期执行性能管理，即调优”。一次性的调优可以改善当前状态，但随着时间的推移，还是会因数据库增加和使用环境变化而出现性能下降的情况。因此管理员要定期执行OS、数据库、应用程序调优。调优时必须谨记以下事项：

(1) 设定准确的目标；

(2) 在项目阶段中，越早的完成阶段调优费用越低；

(3) 根据环境变化，反复定期执行调优；

(4) 充分了解系统环境和功能；

(5) 逐渐更改要变更的部分并记下变更内容，然后比较变更前后的情况；

(6) 负责性能管理的人员必须具有充分的权限；

(7) 开放系统前应进行充分的性能测试；

(8) 调优并非片面，而是综合的技术。需要考虑各个方面。

当然，从项目一开始就考虑整体性能最有效，且成本更低。但大多数客户都是在开发结束向用户开放系统后才意识到性能问题并且查找解决方法。此时进行无缝调优和有效调优为时已晚，只能花费较多费用进行设计阶段的调优，或者进行应用程序的调优（根据作者的经验，90%以上的客户遇到此类问题）。在调优过程中，应用程序调优是最为有效且易于访问的部分，通过修改无效访问路径，生成优化的数据库对象，创建有效索引策略等操作，可将性能提高数十倍至数万倍。图1-2所示为各类别调优的效果。

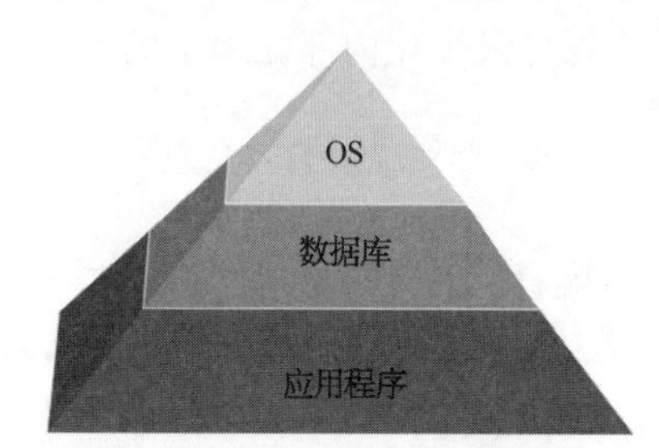

图1-2 各类别数据库调优效果

1.4 操作系统级调优

在操作系统(OS)中，CPU、内存、磁盘I/O为典型的调优对象。通常，OS调优一般情况下很难显著提高性能，长时间调优也很难产生效果，很难将整体性能提高10%以上。但有时常会出现OS调优有效果的情况。即完成其他部分的调优后还是无法得到满意的结果时，通过仔细调优OS，则会起到很好的效果。

1.4.1 CPU调优

使用UNIX时，可通过sar命令(图1-3)确认CPU的使用量。正常运行时，CPU建议使用程度为70%～80%，其中需维持20%～30%的空闲时间。如果空闲未达到20%～30%，系统使用量增加时(最后期限、结算、预算编制等)，空闲可能为0%(此时空闲为0%可能表示100%使用CPU，但使用超过100%会判定为发生CPU瓶颈现象)。

如图1-3所示，使用sar指令监测CPU的使用量时，通常%idle要闲置20%～30%，但%idle 比该值低时，则判定为当前 OS 的 CPU 发生不足现象。判断为 CPU 不足时，可以找到问题所在并加以解决，或者考虑增设 CPU。CPU 使用量过大时，则先比较%usr、%sys、%wio 的比率。使用数据库应用程序运营的系统，正常情况下显示顺序为%usr>%sys>%wio。如果%wio 的值最高，则可以视为 I/O 等待在占用 CPU。因此，消除 I/O 瓶颈现象或提高 UNIX 文件系统的工作缓冲区缓存的利用率，会减少整个 CPU 的使用量，这比提高缓冲区缓存的利用率，分配 I/O 更为有效。如果%sys 的使用量高，可能是异常进程占用太多 CPU。在这种情况下，找出当前系统上大量占用 CPU 的进程并分析原因。图 1－4 所示为在 sun micro systems 设备上使用 Berkeley ps 指令按顺序查看大量占用 CPU 进程的方法。判断方法分别是 HP 为 top 或 glance，IBM 为 monitor，DEC 为 ps aux command。

```
$ sar 3 5
11:01:10    %usr    %sys    %wio   %idle
11:01:13      41       6      13      40
11:01:16      43       7      12      38
11:01:19      43       6      10      40
11:01:22      41       8      11      39
11:01:25      41       7      13      39
11:01:28      41       7      12      40

Average       41       7      12      40
```

图 1－3　sar 指令

```
$/usr/ucb/ps -aux | head -10
USER   PID   %CPU %MEM SZ      RSS     TT    S START    TIME    COMMAND
oracle 23064 6.0  36.1 1471248 1450904 ?     S 10:30:37 0:08    ora805 (DESC
root       3 0.6  0.0        0       0 ?     S Nov 24   2124:24 fsflush
oracle 13598 0.4  35.8 1471192 1439136 ?     S Jan 19   0:16    ora_lgwr_805
oracle 13618 0.3  35.8 1471136 1439856 ?     S Jan 19   0:02    ora_arc0_805
oracle 13600 0.3  35.8 1471216 1438928 ?     S Jan 19   14:24   ora_ckpt_805
oracle 13596 0.1  35.8 1471688 1439000 ?     S Jan 19   0:03    ora_dbw0_805
root   23093 0.1  0.1     1656    1240 pts/3 0 10:31:13 0:00    /usr/ucb/ps -aux
root     586 0.1  0.3 1415210      416 ?     S Nov 24   126:51  /opt/VRTSvmsa/jre/
oracle 23063 0.1  0.2    10376    5928 pts/4 S 10:30:37 0:00    sqlplus scott/tiger
oracle 22859 0.1  36.1 1471808 1450568 ?     S 10:21:57 0:01    ora805 (LOCA
root     605 0.1  0.1     2744    1600 ?     S Nov 24   53:04   mibiisa -r -p 3278
oracle 22861 0.1  36.1 1471736 1450488 ?     S 10:21:58 0:01    ora805 (LOCA
oracle 23070 0.1  0.1     1032768 pts/3 S    10:30:58   0:00    /bin/sh top
root     452 0.0  0.1     4592    3664 ?     S Nov 24   3:17    /usr/sbin/nscd
```

图 1－4　查看大量占用 CPU 的进程

在前面的结果中，需要仔细查看%CPU、%MEM、TIME，它们分别为 CPU 占用率、内存占用率、启动后 CPU 的累积使用值。此外，最上方显示的进程占用 CPU 最多。如果一个进程占用一个 CPU 的 99%或 100%并使用较长时间(1 min 以上)，需要确认该进程是哪种进程并且进行何种操作。这种进程肯定为异常进程，属于不必要地占用系统资源。要在 OS 上分析任何进程，需要确认该进程的系统调用(system call)，此时可使用 truss(sun OS)、tusc(HP)指令等。图 1－5 所示为使用 truss 指令监测之前进程中占用 CPU 最多的 23064 进程的情况。该进程工作正常，无异常。

如果该进程异常占用较多 CPU，则系统调用反复循环的情况非常多，须更加注意。有时使用 truss 不会输出或显示任何对象。此种情况为不经过系统调用而在用户模式下执行

```
$truss -fp  23064
23064:  semop(2031616, 0xFFBE669C, 1)   (sleeping...)
23064:      Received signal #14, SIGALRM, in semop() [caught]
23064:  semop(2031616, 0xFFBE669C, 1)                  Err#91 ERESTART
23064:  sigprocmask(SIG_BLOCK, 0xFFBE62A0, 0x00000000)  = 0
23064:  times(0xFFBE6210)                                  = 707179313
23064:  sigprocmask(SIG_UNBLOCK, 0xFFBE62A0, 0x00000000) = 0
23064:  getcontext(0xFFBE6060)
23064:  setcontext(0xFFBE6060)
23064:  sigprocmask(SIG_BLOCK, 0xFFBE657C, 0x00000000)  = 0
23064:  setitimer(ITIMER_REAL, 0xFFBE6504, 0x00000000)  = 0
23064:  sigprocmask(SIG_UNBLOCK, 0xFFBE657C, 0x00000000) = 0
23064:  semctl(2031616, 8, 8, 1)                         = 0
23064:  getcontext(0xFFBE6468)
23064:  sigprocmask(SIG_BLOCK, 0xFFBE657C, 0x00000000)  = 0
23064:  times(0xFFBE6500)                               = 707179313
23064:  setitimer(ITIMER_REAL, 0xFFBE6504, 0x00000000)  = 0
23064:  sigprocmask(SIG_UNBLOCK, 0xFFBE657C, 0x00000000) = 0
23064:  semop(2031616, 0xFFBE669C, 1)                   = 0
23064:  sigprocmask(SIG_BLOCK, 0xFFBE657C, 0x00000000)  = 0
23064:  setitimer(ITIMER_REAL, 0xFFBE6504, 0x00000000)  = 0
23064:  sigprocmask(SIG_UNBLOCK, 0xFFBE657C, 0x00000000) = 0
23064:  semctl(2031616, 8, 8, 1)
```

图 1-5 根据进程确认系统调用

的情况(例如,for 语句在同一个地方不停地执行)。truss 命令会显示该进程执行的所有系统调用,因此该命令执行操作时会增加负载,只能在短时间内使用 truss 监测进程。如果对任何系统调用都有问题,则可以使用 UNIX man 指令确认系统调用执行了何种操作(例如:$ man semop)。如果占用较多 CPU 并且分析结果显示进程有异常时,则确认该进程关联的业务后先停止该进程。这种进程为常进程,多数为只占用系统资源的进程。因此为保证系统正常运行,如果已收集了各种信息则停止进程。如果系统包含四个 CPU 并且有两个活跃的异常进程,则已占用系统 50%的 CPU,系统不可能正常工作。

1.4.2 内存调优

为克服物理内存的限制,UNIX 系统使用虚拟(virtual)内存的概念运行内存,虚拟内存的大小为“物理内存+虚拟磁盘(交换磁盘)”。虚拟内存由一组 page 构成,page 的大小通常为 4 KB(8 KB)。Page 为内存的分页单位,由 UNIX 的 page daemon 管理,为保持尽可能多的可用内存,将当前不使用的 page 保存到磁盘(页面调出)中。如果当前的某个进程请求物理内存中不存在的 page(缺页错误),则会将磁盘中保存的 page 作为内存读取(页面调进)。简单来说,交换操作比分页的使用范围更广泛。如果说分页是以 page 为单位的管理,交换则管理进程使用的所有 page。因此,要重新恢复该进程,所有相关的 page 都需要重新调进到内存中,对性能有很大的不良影响。为保证系统正常运行,绝对不能发生交换情况,并要避免同时发生分页的情况。因此,监测内存时,分析的重点主要是分页和交换的有无与数量。要查看分页和交换的详细信息,可使用以下指令,如图 1-6 所示。

```
$sar -p 3 5  ( or sar -g 3 5)

SunOS maruta 5.7 Generic_106541-06 sun4m    01/24/02

11:27:16  atch/s   pgin/s  ppgin/s  pflt/s  vflt/s  slock/s
11:27:19   0.33    1.66    2.98     4.97   107.95   0.00
11:27:22   0.00    0.00    0.00     0.33    59.60   0.00
11:27:25   0.00    0.00    0.00     0.00   103.31   0.00
11:27:28   0.00    0.00    0.00     0.00   103.64   0.00
11:27:31   0.00    0.00    0.00     0.00   104.62   0.00

Average    0.07    0.33    0.60     1.06    95.83   0.00
```

(a)

```
$sar -w 3 5

SunOS maruta 5.7 Generic_106541-06 sun4m    01/24/02

11:28:14 swpin/s bswin/s swpot/s bswot/s pswch/s
11:28:17   0.00    0.0    0.00    0.0     362
11:28:20   0.00    0.0    0.00    0.0     207
11:28:23   0.00    0.0    0.00    0.0     246
11:28:26   0.00    0.0    0.00    0.0     230
11:28:29   0.00    0.0    0.00    0.0     168

Average    0.00    0.0    0.00    0.0     243
```

(b)

图 1-6 查看指令

(a) 确认分页;(b) 确认交换

如果系统中发生太多分页和交换,则无法保证系统性能。因此要重新配置系统,使大部分已用内存都可以存到当前可用的物理内存中。系统的物理内存是固定的,用户可以根据需要改变所要使用的内存。因此,要调整用户使用的内存。例如,假定当前有 1 GB 的内存,通常考虑的内存量为 UNIX 内核使用的内存、数据库使用的内存区域、个别进程占用的内存总和。通常指定数据库的内存区域如果是 Oracle DBMS,则 SGA(system global area)为使用 OS 全部内存的 40%~60%(实际上数据库的内存使用情况可根据 OLTP · DSS · DW 等业务的性质逐渐使用更大的内存区域)。因此,如果 OS 的内存(物理)为1 GB,则数据库的内存区域配置约为 400~600 MB。通过持续的调优工作和监测可以找到运行中应用程序的最佳值。如果因 OS 中发生太多交换和分页而判定内存不足,则要减少内存的使用量,以避免出现交换和分页。此时,UNIX 内核的内存不易减少,需要有效地调优数据库内存区域,使用更少内存发挥相同水平的性能。

在 OS 上运行的数据库所用的 DBMS 拥有多种特性,对于 Oracle DBMS,可通过减少可能位于 Oracle 进程的个别 PGA(program global area)区域中的 sort_area_size(init.ora),从而减少各个进程使用的内存。此时如果减少 SGA,则会降低数据库缓冲区缓存、库缓存、字典缓存的命中率,从而造成性能下降;如果减少 sort_area_size,在 Oracle 中选择数据时如果需要排序,还可能会出现物理 I/O,因此调整时要考虑到各个方面。

全部内存使用量可按以下方法计算。如果内核内存使用约 100 MB,并发用户为 30 名,每个 Oracle 进程的内存为 10 MB,假定 sort_area_size 为 1 MB,按以下公式计算出 430 MB。其中,sort_area_size 为所有用户都进行排序时计算出的最大值[如果 Oracle 服务器的运行方式为多线程服务器(MTS)方式,sort_area_size 将包含到 SGA 中]。

$$100\ \text{MB} + 30 \times (10\ \text{MB} + 1\ \text{MB}) = 430\ \text{MB}$$

因此，物理内存为1 GB的系统，可分配大约600 MB的SGA使用。如果并发用户更多，则需要减少SGA区域。然后指定初始设定值，查看内存使用量-交换-分页的量，略微增加或减少SGA，导出最优化的内存使用量结构。

1.4.3 I/O调优

使用数据库的系统绝大多数为以磁盘为主的操作。如果磁盘出现瓶颈现象，会发生整体性能问题。在这种情况下，多数是因为%idle剩余过多而导致CPU性能变慢，此时使用中的CPU大部分被%wio占用。构建系统之前，要用分条等结构分散方法适当地分散磁盘构成，检查因持续监测而出现较多I/O的磁盘，并重新配置数据库的主要运行文件，以便分散I/O。为满足使用用途和可用性，使用RAID构成磁盘的情况较多，此时要按各个RAID的性质以及数据文件的性质进行配置。即写入较多的重做日志文件(redo log file)、回滚(rollback)表空间、临时(temporary)表空间等数据文件要避免用RAID 5构成的设备，应放置在由RAID 1,0等构成的设备上。检查系统I/O性能的方法如图1-7所示，可参考sar -d或iostat等各个平台的指令。

如图1-7所示，监测结果中的%busy值超过40时可判定设备出现瓶颈现象。如果该设备与其他设备使用不均衡时，要将该设备上访问较多的数据文件移至有剩余空间的设备上。上述例子显示sd1为busy(87%)。经过分析来看，每秒有129件事务，1 091次成块传输。

```
$sar -d 3 10

SunOS maruta 5.7 Generic_106541-06 sun4m    01/28/02

17:06:46  device   %busy   avque  r+w/s   blks/s   avwait   avserv

17:06:49  fd0          0     0.0      0        0      0.0      0.0
          sd1         87     1.1    129     1091      0.0      8.2
          sd1,c        0     0.0      0        0      0.0      0.0
          sd1,g       87     1.1    129     1091      0.0      8.2
          sd1,h        0     0.0      0        0      0.0      0.0
          sd6          0     0.0      0        0      0.0      0.0

17:06:52  fd0          0     0.0      0        0      0.0      0.0
          sd1         87     1.1    129     1087      0.0      8.3
          sd1,c        0     0.0      0        0      0.0      0.0
          sd1,g       87     1.1    129     1087      0.0      8.3
          sd1,h        0     0.0      0        0      0.0      0.0
          sd6          0     0.0      0        0      0.0      0.0
```

图1-7 磁盘I/O瓶颈现象调查

最理想的I/O应用就是所有控制器相应的设备都得以均衡使用。

图1-8和图1-9所示为在Sun Solaris设备中找出正在使用设备的方法。结果显示

正在使用的是 sdl 设备，因此在 /dev 目录下调查。

```
[/]ls -l /dev/sdl*
lrwxrwxrwx   1 root    root   12 Jan 21 14:24 sdla -> dsk/c0t1d0s0
lrwxrwxrwx   1 root    root   12 Jan 21 14:24 sdlb -> dsk/c0t1d0s1
lrwxrwxrwx   1 root    root   12 Jan 21 14:24 sdlc -> dsk/c0t1d0s2
lrwxrwxrwx   1 root    root   12 Jan 21 14:24 sdld -> dsk/c0t1d0s3
lrwxrwxrwx   1 root    root   12 Jan 21 14:24 sdle -> dsk/c0t1d0s4
lrwxrwxrwx   1 root    root   12 Jan 21 14:24 sdlf -> dsk/c0t1d0s5
lrwxrwxrwx   1 root    root   12 Jan 21 14:24 sdlg -> dsk/c0t1d0s6
lrwxrwxrwx   1 root    root   12 Jan 21 14:24 sdlh -> dsk/c0t1d0s7
```

图 1-8　查找瓶颈设备

```
$df -k
Filesystem          kbytes    used    avail  capacity Mounted on
/proc                    0       0        0     0%    /proc
/dev/dsk/c0t0d0s0   424519   17022   365046     5%    /
/dev/dsk/c0t0d0s6   505303  328245   126528    73%    /usr
fd                       0       0        0     0%    /dev/fd
/dev/dsk/c0t0d0s3    70887    5977    57822    10%    /var
/dev/dsk/c0t1d0s7   492089     169   442712     1%    /export/home
/dev/dsk/c0t0d0s5   314759    7707   275577     3%    /opt
/dev/dsk/c0t1d0s6  3855784 1152386  2664841    31%    /oracle
/dev/dsk/c0t0d0s1   491559  328523   113881    75%    /usr/openwin
swap                167256   18568   148688    12%    /tmp
```

图 1-9　查找挂载点

设备信息(/dev/ls -l)和挂载点为'/oracle',Oracle 数据文件集聚在'/oracle' 中，该设备由此出现 I/O 瓶颈现象。此时还可以参考 Oracle 内数据文件的读取、写入情况。图 1-10 所示为调查 Oracle 数据库内文件的 I/O 的 SQL。

```
SQL> select tablespace_name, name, phyrds, phywrts
from   v$datafile df,
v$filestat fs,
dba_data_files
where  df.file# = fs.file#
and df.file# = dba_data_files.file_id
order by phywrts+phyrds desc;

TABLESPACE_NAME NAME                                         PHYRDS  PHYWRTS
--------------- ---------------------------------------- ------ ---------
RBS             /oracle/ora805/oradata/ORA805/rbs01.dbf          20  2234597
USERS           /oracle/ora805/oradata/ORA805/users01.dbf    834118     1660
TEMP            /oracle/ora805/oradata/ORA805/temp01.dbf      56478   345212
SYSTEM          /oracle/ora805/oradata/ORA805/system01.dbf    29936       54
TOOLS           /oracle/ora805/oradata/ORA805/tools01.dbf        17       13
```

图 1-10　调查 Oracle 数据库内文件

通过上述分析结果，可采取的措施包括：将 /oracle 上数据文件的一部分移至有其他控制器的挂载点，通过移动 RBS、TEMP、USERS 中一两个数据文件使 I/O 平衡并分散。该操作非一次性操作，分配一次后要重新进行监测，确定 I/O 是否分散均衡。如果需要再次配置，则要反复进行再配置及优化操作。

1.4.4 网络调优

系统调优时常会简化和跳过网络部分。其实网络性能比磁盘更慢，因此要保证最佳网络性能。检查网络性能时，主要使用 ping 和 ftp 来分析任意大小的数据包内数据的交换响应时间。在客户端上对服务器的 ping 和 ftp 进行测试，若无法维持适当的速度，则要仔细检查网络。例如笔者在调优某些站点的过程中，作为数据库服务器所在地的上海和只有一般用户的江浙分公司的性能差异较大，分析结果显示，上午 9 点～10 点网络使用量较多，网络出现了负载情况。网络性能监测使用客户端上的 ping、ftp、tnsping，如图 1－11 所示。

```
DOS>ping 192.168.100.201
Reply from 192.168.100.201: bytes=32 time=10ms TTL=255
Reply from 192.168.100.201: bytes=32 time<10ms TTL=255
Reply from 192.168.100.201: bytes=32 time<10ms TTL=255
Reply from 192.168.100.201: bytes=32 time<10ms TTL=255
```

图 1－11　检查网络性能

根据经验，传输 32 位的 ping 测试时间低于 50 ms 时，才不会影响 Oracle 上应用程序的通信。最好可以对 Oracle 监听器进行 tnsping 检查（图 1－12），这样便能同时验证网路的速度和监听器的性能，非常有用。

```
DOS>tnsping ora805
TNS Ping Utility for 32-bit Windows: Version 8.1.6.0.0 -
Production on 23-JAN-20
02 19:59:23
(c) Copyright 1997 Oracle Corporation. All rights reserved.
Attempting to contact (ADDRESS= (PROTOCOL=TCP) (HOST=
192.168.100.201) (PORT=1521))
OK (20 msec)
```

图 1－12　对 Oracle 监听器进行 tnsping 检查

根据经验，监听器的响应时间也要低于 100 ms。如果数值大于该值，要检查网络性能（ping）和监听器的繁忙率。如果 Oracle 监听器出现性能问题，通常是因为应用程序有太多访问请求，可在 $ORACLE_HOME/network/log/listener. log 中查看访问请求的频繁度，如果每秒的访问请求超过 3 次，则要设置附加监听器并执行负载平衡，以消除监听器的瓶颈现象。

此外 SQL＊NET 层中存在可以用于提高性能的 SQL＊NET 参数，即 SDU。SDU（session data unit）可以看作是 SQL＊NET 的缓存，用于指定通过 SQN＊NET 的交换量。通常情况下，默认值为 2 kB，可变更至 32 kB。可在服务器和客户端中分别设置该值，如果服务器和客户端的值不同，通信时会使用两个值中较小的值。如果通过此方法确定的SDU值小于应用程序上提取(fetch)的数据值，数据则会分开传输。因此，应用程序在服务器和客户端之间传输的数据较多时，为提高效率应指定较大的SDU值。但若指定太大的值则会造成浪费，导致效率低下。

1.5 DBMS调优

1.5.1 DBMS调优步骤

相比停留在单纯构建和运行数据库系统本身的基础水平，目前已进入到将提高系统性能作为操作目标的时代。在复合的硬件系统构成、多种业务类型并存、管理对象数据大容量化的运行环境下，达到适合的性能并不简单，并非每个人都可以做到。

虽然从数据库的初始构建和设计阶段就要开始考虑性能方面并非易事，但是未有效构建的系统的性能在运行阶段很难加以改善是不争的事实。而且要谨记，构建数据库系统时，从设计阶段到物理结构、数据库、应用程序等，在每个部分均考虑到性能方面的策略问题是达到预期性能的唯一途径。电算系统中性能调优方面的访问需要的是着眼于整个系统的视角和经验性知识。如果以局部视角和知识进行调优，可能会对整体系统的性能造成不良影响。系统调优大致分为硬件系统结构和O/S、DBMS、应用程序等三个层次，各层次之间具有密切的关联性。因此在执行性能调优时，不能偏重某一层次，要充分考虑各层次之间的相互关联性才能做到恰当的调优。以下原则性的DBMS性能调优步骤可以达到最佳效果。虽然该内容基于若干Oracle DBMS，但其实并不需要考虑具体的DBMS制造商。

1) 第1阶段：业务规则调优

为保证最佳性能，必须适当地调整业务规则，以整个系统的高水平分析和设计为基础。

实际上，DBA面临的性能问题是由于实际设计和具体操作或是不适当的业务规则引起的。因此，业务规则要以了解众多并发用户存在的环境为基础，考虑现实的期待值。

2) 第2阶段：数据设计调优

在数据设计阶段，需要准确了解要实现的应用程序所需的数据是什么。此外，还要仔细了解哪种关系重要、哪些属性存在。在此基础上，为达到最佳性能，需要数据结构化处理。还需要进行范式和非范式处理来改善性能，并且需要最大限度地避免数据争用的构成。

(1) partitioning in HA (instance、application、data、time等)。

(2) 使用data partition & local、global index。

3）第 3 阶段：应用程序设计调优

要按业务实现目标有效分配各个进程，即使是访问同一系统的环境下，也可根据实现目标进行不同设计。

4）第 4 阶段：数据库的逻辑结构调优

应用程序和系统设计完成后，此阶段的核心是为保证数据访问性能，调优索引设计。

5）第 5 阶段：数据库访问方式的调优

为保证最佳的系统性能，更好地利用 SQL 的优点和应用程序处理，应验证所实现数据库的功能是否充分应用：array processing；optimizer；PL/SQL；row-level lock manager。

6）第 6 阶段：访问路径调优

为有效地进行数据访问，考虑使用 B * 树 indexes、bitmap indexes、clusters、hash clusters 等。此外，为在应用程序测试阶段达到所期望的响应速度，不仅要考虑增减索引，还要考虑改善设计。

7）第 7 阶段：内存运行调优

通过有效分配内存资源、改善缓存性能并减少 SQL 语句的解析操作，以便对性能改善产生积极的效果。DBMS 的内存分配量要在不引起分页和交换的范围内调整。包括：dictionary cache；library cache；context areas（MTS）；data buffer cache；log buffer；sequence caches；sort areas；hash areas。

8）第 8 阶段：物理结构和 I/O 调优

磁盘 I/O 的性能是降低应用程序性能的主要原因，因此要按以下步骤调优 I/O 和物理结构：

（1）分散数据到磁盘以减少 I/O 争用；

（2）用于最佳访问的数据块运行（freelists、pctfree、pctused）；

（3）防止引发表的活性区段（有效管理 NEXT option）；

（4）raw device 使用研究。

9）第 9 阶段：资源争用调优

在多数用户同时访问相同资源所需运行环境下，虽然不可避免地会引发资源争用，但要不断努力减少以下争用形态：block contention；shared pool contention；lock contention；pinging（OPS&RAC environment）；latch contention。

10）第 10 阶段：硬件系统特定部分调优

要寻找正在使用中的系统平台特定部分的调优方案，包括：UNIX buffer cache 大小；LVM（logical volume manager）；memory（process）。

在 DBMS 性能调优的具体对象中，instance、storage management、数据 I/O、SQL access 等是最重要的部分。此外，在物理硬件系统的结构和数据库构成、应用程序等所有部分中，分区的好坏程度将影响达成预期性能的程度。

所有部分中，性能调优的重点是如何减少因同一时段发生的大部分事务而引发的资源争用负载。对于 Oracle DBMS,可通过 v $sysstat、v $sqlarea 等性能视图,收集用于性能评价的 DB 分析信息。

1.5.2 DBMS 实例调优

实例已启动意味着数据库系统运行所需的后台进程已启动,并且处于“确保内存可用于数据处理”的状态,这种实例(Instance)的调优将成为 DBMS 性能调优的重要基础。

1) DBMS 内存区域——SGA

SGA (system global area)是作为实例启动时确保控制器信息保存和数据处理空间的内存区域,存在于实例访问的所有进程共享的内存区域中。SGA 相关调优的基准基本以命中率评价为主,通过适当地调整相关参数,将实际运行反映到评价结果中。

2) 缓冲区缓存命中率

数据缓冲区的缓存是处理所需数据的 SGA 的核心部分,用于保存表、索引、回滚段、簇等数据块的副本,减少因磁盘频繁输入输出导致的性能下降,并提高访问性能效率。在常规 OLTP 环境下,数据缓冲区缓存的命中率建议维持在 90%以上,若低于 80%则增大 db_block_buffers 参数。

```
    SELECT sum(decode(name,'physical reads', value, 0)) "Physical Reads",
    sum(decode(name,'db block gets', value, 0)) "DB Block Gets",
    sum(decode(name,'consistent gets', value, 0)) "Consistent Gets",
    sum(decode(name,'db block gets', value, 0)) + sum(decode(name,'consistent gets', value, 0)) "
Logical Reads",
    sum(decode(name,'physical writes', value, 0)) "Physical Writes",
    round(((1 - (sum(decode(name,'physical reads', value, 0)) /
    (sum(decode(name,'db block gets', value, 0)) +
    (sum(decode(name,'consistent gets', value, 0)))))) * 100), 2) ||'%' "Hit_Ratio"
    FROM v $sysstat;
```

3) 共享池命中率

共享池是执行为访问用户所需的数据而构建的 SQL 语句和 PL/SQL block 等时所使用的非常重要的内存区域,它由数据字典缓存和库缓存组成,可通过 shared_pool_size 参数指定其大小。为了管理共享池内的数据,Oracle 所用的算法是让字典缓存数据保存在内存的时间比库缓存数据更久。因此,调试库缓存命中率到令人满意的水平更合理。

此外,与数据缓冲区缓存丢失相比,数据字典缓存或数据库保存的缓存丢失对系统性能的负载程度影响更大,因此调试时比起缓冲区缓存,要优先给共享池预留足够的内存。

库缓存保存 SQL cursors、PL/SQL 程序、JAVA classes 等的执行状态,也是模式对象的信息或元数据的保存区域。Oracle 在编译或解析 SQL cursors、PL/SQL 程序时使用此类元数据。

当发生此类解析相关负载占数据库活动的 10%以上的重大问题时,为了最小化 SQL 语句执行时的“parse”或“execute”阶段可能发生的库缓存丢失,必须进行性能调优。

为评估会影响性能的库缓存丢失的发生程度，可检索 V $LIBRARYCACHE 动态性能视图，若显示超过 1%，则增大 shared_pool_size 参数。

```
SELECT sum(pins) "executions", sum(reloads) "Cache Misses",
round(sum(reloads) /sum(pins) * 100, 2) "Miss_Ratio"
FROM v $librarycache;
```

字典缓存是在数据库逻辑、物理结构中存储如字典表和索引、内部存储管理用表等对象信息的内存区域。此外，还保存了用户信息、表中定义的完整性约束、表的列名和数据类型等信息，在解析 SQL 语句时会访问到该缓存。为评估影响性能的字典缓存丢失的发生程度，检索 V $ROWCACHE 动态性能视图，若显示超过 10%，则增大 shared_pool_size 参数。

```
SELECT parameter, gets, getmisses,
round(decode(getmisses, 0, 0, getmisses /gets * 100), 2) "Miss_Ratio"
FROM v $rowcache
ORDER BY getmisses desc;
```

4）磁盘分类

在 OLTP 和批处理同时进行的非常复杂的业务运营环境中，过多的磁盘排序会影响整体性能，因此当磁盘对内存的排序率超过 10%时，要适当地调整 sort_area_size 参数的大小。

```
    SELECT sum(decode(name,'sorts (rows)', value, 0)) "Rows",
    sum(decode(name,'sorts (disk)', value, 0)) "Disk",
    sum(decode(name,'sorts (memory)', value, 0)) "Memory",
    round(sum(decode(name,'sorts (rows)', value, 0)) /
    (sum(decode(name,'sorts(disk)', value, 0)) + sum(decode(name,'sorts(memory)', value, 0))), 2)
"Ave_Rows",
    round(sum(decode(name,'sorts(disk)', value, 0)) /sum(decode(name,'sorts memory)', value, 0)) *
100, 2) "Disk_Sort_Ratio"
    FROM v $sysstat;
```

为提高效率，每个批处理操作进程（会话）都要设置合适的 sort_area_size 以便灵活地操作。

```
SQL>alter session set sort_area_size = 500000000; (例子)
```

1.5.3 存储空间管理 (storage management)

生成对象时会定义管理数据存储空间的选项（initial、next、pctincrease、freelists、freelist groups 等），如果未能准确地预测出数据增加量，则会频繁地出现区段，对大容量数据库系统的性能产生不良影响。

频繁出现区段会增加与其他对象的区段请求在同一时段集中出现的可能性，会导致 DB 运行时性能大幅下降，甚至会出现排队现象（例如 Enqueuer lock 争用），因此需要策略性地使用存储选项。如果在操作过程中出现区段或区域分割加速，在重新整理操作前应该首先适当地变更 Next 的大小。

此外，段头会显示当用户请求时该段确定区段或区域中可分配的空闲块列表，该列表即为“freelist”，基本上表和索引各有一个列表。如果需要空闲块的用户操作要求(INSERT 或长度增加的 UPDATE 要求)同时发生时，Oracle 只能按顺序分配空闲块，因此会引起 freelist 争用，从而影响处理性能。但可以根据需要设置多个 freelist，多个 freelist 的集称为“freelist group”，需要 freelist group 时可以按管理员的定义进行多个设置。

此外，当大多数用户通过多个实例同时对特定表请求空闲块时，段头会出现较大的争用，导致性能下降，因此定义与并发用户数相同的 freelist 以及与实例数相同的 freelist group 更为有效。

总体来说，存储空间利用不足和产生低效率区域分割的同时引发事务处理时的资源争用负载，都是导致性能下降的原因，因此必须谨记，基于 sizing 概念的策略性存储空间的定义和管理是非常重要的。

以下分析事例中，比起表空间内的最大连续空间，next 区段的设置是更大对象存储的关键。如果发现此类对象，应立即重新整理该对象，若无法立即执行，重新整理操作前应适当地调整 next 的大小临时用于操作。

```
SELECT a.owner, a.table_name as object_name,'Table'as Type,
a.tablespace_name, b.max_free_size,
a.next_extent, a.pct_increase
FROM dba_tables a,
(select tablespace_name, max(bytes) max_free_size
from dba_free_space
group by tablespace_name) b
WHERE a.tablespace_name = b.tablespace_name
AND b.max_free_size < a.next_extent
UNION ALL
SELECT a.owner, a.index_name as object_name,'Index'as Type,
a.tablespace_name, b.max_free_size,
a.next_extent, a.pct_increase
FROM dba_indexes a,
(select tablespace_name, max(bytes) max_free_size
from dba_free_space
group by tablespace_name) b
WHERE a.tablespace_name = b.tablespace_name
AND b.max_free_size < a.next_extent;
```

1.5.4 数据 I/O

数据 I/O 部分对数据库性能影响最大，也是计算机系统的执行操作中费用最高的要素。为最大限度地发挥系统性能并最快速地进行数据读取，在初期构建时完美地分散设计表空间、表、索引、重做日志、回滚段、临时段等数据库构成要素是非常重要的。图 1－13 所示的是 I/O 集中在当前特定数据文件(dev/vx/rdsk/db2dg/v6s2g09)中,访问时会引起争用的事例。

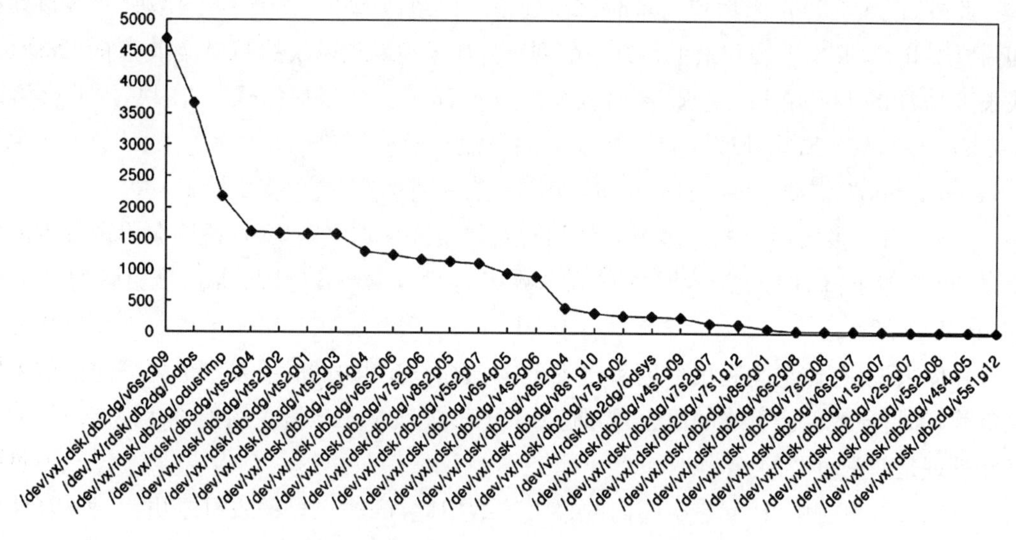

图 1-13 数据库文件 I/O(磁盘 I/O 集中顺序)

由于特定数据文件中大部分 I/O 处于集中状态,相关表空间内已生成的对象中访问较多的部分对象分离至其他设备构成的表空间,需要通过重新整理操作分散集中的 I/O 负载。与此不同,必须进行应用程序级的性能调优,以减少特定表空间(数据文件)争用的集中化。

1.5.5 分区

在数据库构造和运行环境中,从性能和管理、维护方面来看,分区(partitioning)是影响很大的重要部分,应综合考虑系统构成、实现业务类型及运行形态等,有效进行利用,才能起到好的作用,否则可能会导致超载。因此从设计阶段到实施都需要策略性访问。从性能方面来说,在制定基本分区标准时,目标是将访问事务的相同资源(数据)按时间、空间来分离或分散,以使资源争用负载最小化。

1) 表分区策略

从逻辑数据模型转换为物理数据模型时,要将哪种实体作为分区对象是重要的课题,包括:

(1) 执行 parallel DML 的表(主要针对大批量操作);

(2) 超过数 GB 数据容量的表;

(3) 作为可明确分辨只读记录和读写记录的大容量表,例如一年间的数据中当前月份的数据可进行变更,其余数据为只读的历史管理表;

(4) 在并发服务器环境下,通过大多数实例访问的表中可分离为数据组的表;

(5) 访问 parallel-index scan 所需的表。

此外,不能随意地决定分区数目,确定重要的设计之前应仔细分析多种外部的影响因素。有时会在数据库的可用性和性能之间难以抉择,设计者应先确定哪种设计对客户更重要,考虑优先顺序后应用。此外,为有效操作,确定分区数时应使分区数据的管理、备份、重置更容易。

2) 按实例节点分区

在一个节点上独立运行数据库时,只需基本所需的内部锁机制来维持数据一致性,但如果在多个用户通过不同节点同时使用同一个 DB 内资源的 RAC 环境下,为保证数据的一致性和连续性,引入并管理节点(实例)之间的锁机制概念是理所当然且无法避免的。

即对于两个以上的 Oracle 实例访问一个 DB 的 RAC 结构,如果未最大限度地降低同一资源的负载争用,很难实现所需的性能和稳定性。在现实中,是无法全部消除通过不同节点对同一资源的"cross-access"的情况的,是否最大限度地向减少这些可能性方向构建各种环境,将成为决定整个系统性能和业务运营稳定性的关键因素。从这方面来说,最重要的就是能否有效实现各层次的分区。分区的层次可分为实例、应用程序、用户、表行(数据子集)、访问时间等,一般情况下通过组合操作。

虽然无法对 RAC 环境下实施的所有应用程序进行完美分区,但大多数应用程序,对于管理相同 PCM 锁的块,最大限度地向降低 cross instance read/write、write/write 争用方向进行设计,是提高整体性能的充分必要条件。

总体来说,为保证最佳性能,要通过策略性的有效分区,应该寻求最大限度减少因相互干扰而出现超载的关键因素,以及针对 pinging 现象的解决方案,并按照数据文件有效性分配 PCM 锁来移除 false pinging,尽量提高整体系统的性能。

在 PCM 锁控制一个以上数据块的情况下,当变更不同节点下控制同一 PCM 锁的数据块时,该 PCM 锁的状态必须变更为排它(exclusive)状态。此时在对应实例中会事先将该 PCM 锁控制的数据块从 SGA 缓冲区缓存保存到磁盘中,并通过移交访问权限的构造来保持同一资源的一致性。这种现象为 pinging,若出现太多这种现象则会引起不必要的磁盘 I/O,会成为降低系统整体性能的原因。当然,在 Oracle 8i 上引入 cache fusion 功能,通过内存交换信息来减少因实例之间的干扰造成的性能下降,但还需强调分区的重要性。

1.5.6　应用程序性能

用于客户业务的应用程序,会根据开发者的能力而生成千变万化的逻辑和 SQL 语句,其质量和完成度对整个系统的性能具有极大的影响。开发者的能力包括对关系型数据库系统的理解度及功能的利用率,优化器的理解度,SQL 的构思能力等。

低效的逻辑或 SQL 语句编写将会引起大量不必要的磁盘和内存 I/O,消耗大量系统资源(CPU、内存、网络等),是对性能产生不良影响的关键因素,因此要由知识丰富和有经验的负责人定期验证应用程序的开发质量。

此外，最好在开发时、系统开放时、运行中性能下降时等必要时期向知识丰富和有经验的专家咨询（诊断和调优）。

1）优化器（Optimizer）模式选择

所谓优化器，指的是一种为有效处理所构建的 SQL 语句而制定执行计划的数据库内部逻辑功能。此类优化器按最终目标分为 RULE-BASED 模式（RULE）和 COST-BASED 模式（FIRST_ROWS, ALL_ROWS），默认为 CHOOSE 模式。

此处 RULE 表示根据 SQL 语句的 Where 子句中使用的列和运算形式，根据所用索引的绝对优先权制定执行计划，COST 则根据以相应对象的列构成、数据的选择度等统计值制定以成本为中心的执行计划。CHOOSE 模式是将所有执行计划的全部决策权交给优化器处理的基本操作形式，根据系统情况选择 RULE-BASED 模式或 COST-BASED 模式。

通过 ANALYZE 操作按照数据累积类型分析等标准定期变更统计数据。

影响优化器执行计划模式的设置水平和因素见表 1-1。

表 1-1　设置水平和因素

LEVEL	FACTOR	设置地点/时间	VALUE
实例	OPTIMIZER_MODE	参数文件中定义	RULE、FIRST_ROWS、ALL_ROWS、CHOOSE
会话	OPTIMIZER_GOAL	连接会话后定义	同上
SQL 语句	HINT	SQL 语句中定义	各 HINT 请参阅 Oracle Manual

开发之前决定此类优化器模式的选择策略是非常重要的问题，设计者应综合考虑各种条件并慎重判断，决定后要保持一致性，模式选择可参考表 1-2。

表 1-2　优化器模式选择

模　式	优　　点	缺　　点
RULE	制定特定执行计划； 可预测性能； 不需要 ANALYZE 操作	策略性且有效地创建和管理索引是充分必要条件； 高度依赖专家
FIRST_ROWS	制定以 NESTED LOOP JOIN 方式为主的执行计划； 适合 OLTP 业务	HASH JOIN 利用不足（必要时转换为 HASH JOIN）； 需要定期执行 ANALYZE 操作
ALL_ROWS	制定以 HASH JOIN 方式为主的执行计划； 适合 DSS(batch) 作业	NESTED LOOP 利用不足（必要时转换为 NESTED LOOP）； 需要定期执行 ANALYZE 操作
CHOOSE	最大化优化器利用率	未按意图制定执行计划的可能性； 执行计划的变更可能性； 需要定期执行 ANALYZE 操作

此外，无论如何设置优化器模式，从决定 SQL 语句执行计划的趋势方面来看，数据库有些部分不会按我们的意图制定，因此要适当地采用系统所提供的各种 HINT 功能。应在分析执行计划后选择性地使用 HINT，最好不超过全部 SQL 语句的 20%。因为如果过多地使用 HINT，发生索引重置等变更事项时会加重应用程序的修改负担。

2）索引(Index)策略

根据从开发前期阶段开始对数据访问方式的全面分析，索引作为需策略性管理的关键要素之一，会对性能产生巨大的影响。但遗憾的是，作为大部分开发项目核心人员的设计者、管理者、DB 管理员等人员的水平还不足以有策略性地有效地管理索引，只能被动应对。甚至有些人存有开展业务后等到数据累积导致性能下降时再生成所需索引的安逸想法。这是亡羊补牢式的安逸思考方式，而且一旦失去用户的信任将很难再恢复。

此外，已生成大量索引的事实本身并不重要，不必要的索引只是导致性能下降和存储空间浪费的因素。因此，系统地分析整个应用程序的数据访问类型后，务必进行管理，以便生成最少的所需索引。

如果未生成适当的索引用于优化器制定最佳执行计划，那么无论怎样调优应用程序的逻辑也无法达到满意的性能。因此，重要索引的选择应按步骤系统地进行，其内容整理如下：

(1) 收集、分析访问表的所有访问类型(事件个数提取)；

(2) 对象列的选择和数据选择度调查；

(3) 优先解决关键访问路径(反复执行的主要类型)；

(4) 决定组合索引列的排序顺序；

(5) 索引创建和应用程序的应用确认。

第2章

SQL 调优

现在我们处于信息化时代，日常生活中的每一步都会被记录成为信息的世界。那么保存和管理这些庞大信息的地方在哪里呢？过去我们使用文件记录保存信息，而如今计算机和互联网高度发达，则在数据库中保存和管理信息。企业通过数据库管理和应用大量的信息创造了巨额利润，但有效地管理日益剧增的信息非常困难。企业也因为数据增加和业务的多样化遇到性能问题及相关难处，但幸运的是，有多种方法可以改善正在运行中的数据库的性能。而重中之重仍然是调优访问数据库 SQL 语句的方法，因为很少能像 SQL 调优这样可以在短时间内以低成本得到效果。因此，为了性能考虑，开发者应不遗余力地投入时间和精力进行 SQL 调优。

DBMS 性能下降的问题会失去客户的信任，而此类问题无法在几日内得到解决。因此，必须投入大量的时间和金钱才能解决性能问题。数据库性能下降是会给企业带来巨大损失的原因之一。

为什么会发生诸如此类的性能问题呢？性能问题可以由许多因素引起，包括：在构建数据库时，由于以结果为主的构建和时间计算问题，未能构建优化性能的数据库；随着使用发生性能下降的现象，未能优化访问数据库的 SQL 的情况占多数等。现已知设计不良的数据库会影响性能，但为什么说 SQL 是降低数据库系统性能的罪魁祸首呢？现在开始介绍 SQL 降低数据库系统性能的原因以及解决该问题的方法。

未进行优化的 SQL 性能降低一般有两个原因：不必要的数据块访问增加；资源使用增加。

1）确认不必要的数据块的访问增加

SQL 的性能取决于相应 SQL 访问的数据块的数量。例如，我们从互联网下载文件时，下载 1 MB 大小的文件和下载 100 MB 大小的文件时速度有何差别？任何人都知道下载 1 MB的文件时速度快很多。那么如果要在包含相同内容的 1 MB 大小的文件和 100 MB 大小的文件中选择一个文件下载，会下载哪个文件呢？当然会下载花费时间较少的 1 MB 大小的文件。数据库性能管理中有些人常会认为包含相同内容的 1 MB 大小的文件是否会与 100 MB 大小的文件毫无区别。

出于这个原因，我们必须优化 SQL。在大容量数据库中，不只是 1 MB 和 100 MB 的差别，出现 1 MB 和 10 GB 以上差别的情况也很常见。利用查询功能 10 秒钟就能查询结果，但有时会花费几个小时也是同样的道理。因此是否优化 SQL 可能会出现访问 1 MB 或访问 10 GB 的差别。如果访问 10 GB，真的能在 1 s 内从数据库中提取到结果吗？这是即使磁盘性能非常好且 CPU 非常多的最新系统也无法在线使用的 SQL 语句。此外，如果这样低效的执行 SQL 语句，不仅是该应用程序，包括在该系统上执行的所有应用程序都会被影响。

2）确认资源使用增加

资源使用增加会呈现多种现象。其中，由于未优化 SQL 而浪费的资源主要包括：CPU 使用；内存使用；磁盘 I/O 和空间。

查看这些项目就能了解这意味着组成系统的大多数重要资源被浪费。未优化的SQL使CPU使用增加，导致CPU的平均使用率增加。CPU的平均使用率增高意味着什么？大多数企业将CPU使用率作为增设容量的标准值。增设容量指对相应系统增设CPU、内存等。

那么未优化的SQL和容量增设之间有何关系？如果未优化的SQL较多，相应系统的CPU使用率增高，这种现象会导致CPU的平均使用率增加。在这种情况下，自然要计划增设系统的容量。如此增设容量是否为正确的处理方式？如果对未优化的SQL进行调优，则计划增设容量的许多企业都无须执行容量增设。如果不增设容量可以减少企业用于容量增设的费用，可将此费用用于促进企业发展的其他部分。因此，时常会因为未优化SQL而导致公司费用的错误使用。

在许多地方仍然没有意识到这个事实，还在试图无条件地增设数据库系统的容量。现在就要准确判断是相应系统上执行的所有SQL已进行优化的前提下还需要增设容量的不可避免的情况，还是未优化SQL却要增设容量的情况。

这与内存使用量有何关系？大量数据排序的SQL或者大量访问数据块的未优化的SQL，可能会过量地使用内存。如果出现这种情况，则肯定会因为内存资源争用而出现性能下降的情况。

很容易因磁盘I/O和空间使用量或未优化的SQL而出现浪费。对于磁盘I/O，如果优化SQL，只需要访问100个数据块就能提取结果。但如果未优化SQL，可能要访问10 000个数据块。此时，只优化相应SQL就足以将磁盘I/O减少至1%的水平。

如果有人对出现此类现象的原因有疑问，那肯定是还未充分理解SQL。如果只提取数据库所需的数据，可通过多种方式访问SQL。在众多提取相同结果的方法中，有些方法要访问100个数据块，而有的方法则可能为提取相同结果而访问10 000个数据块。就因为这种现象，才会因未优化的SQL而出现磁盘I/O增加的情况。那么磁盘空间使用又会如何？说到优化SQL，必定会提到索引。SQL的优化过程必然也涉及索引的优化。若未优化索引将出现哪些现象？也许表中会增加不必要的索引。索引是段，构成索引的数据实际上会保存到磁盘中。因此，过多不必要的索引会使磁盘空间使用率增加，造成磁盘空间因不必要的索引而浪费。

如前文所述，未优化的SQL会造成不必要的数据块访问和不必要的资源使用，从而降低性能。那么要如何创建SQL，才能消除此类不必要的数据块访问，并为了有效地使用资源而对SQL进行优化呢？本书随后将逐一介绍。

2.1 了解优化器

优化器(optimizer)如同人的大脑。人在行动之前会先在脑中判断对错再按结论行动。在数据库中优化器就起到大脑的角色。用户输入SQL Query语句时，优化器将制定最佳执行计划，再传送至行生成器(Row Generator)以便执行该计划。为清楚地了解优化器如何判断对错，本书将介绍以下内容。

2.1.1 SQL query 处理过程

例如，在 ORANGE 的［SQL Tool］上，按以下方式运行 SELECT * FROM SCOTT. EMP;的 Query 语句，如图 2-1 所示。

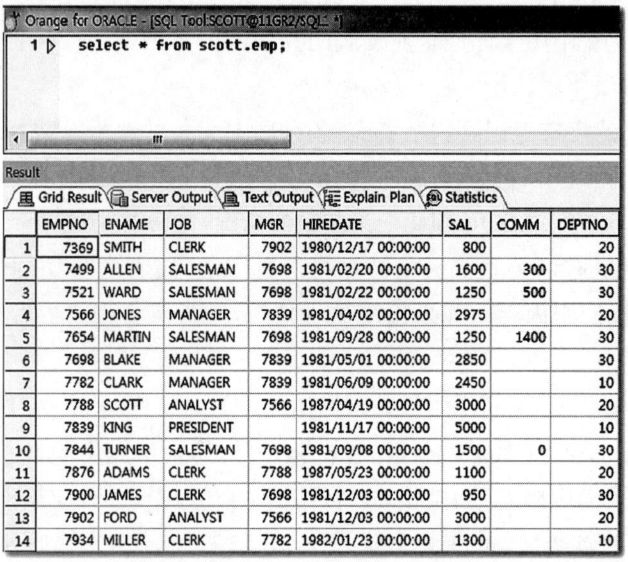

Orange for ORACLE - [SQL Tool:SCOTT@11GR2/SQL: *]

```
1 ▷  select * from scott.emp;
```

Result

Grid Result | Server Output | Text Output | Explain Plan | Statistics

	EMPNO	ENAME	JOB	MGR	HIREDATE	SAL	COMM	DEPTNO
1	7369	SMITH	CLERK	7902	1980/12/17 00:00:00	800		20
2	7499	ALLEN	SALESMAN	7698	1981/02/20 00:00:00	1600	300	30
3	7521	WARD	SALESMAN	7698	1981/02/22 00:00:00	1250	500	30
4	7566	JONES	MANAGER	7839	1981/04/02 00:00:00	2975		20
5	7654	MARTIN	SALESMAN	7698	1981/09/28 00:00:00	1250	1400	30
6	7698	BLAKE	MANAGER	7839	1981/05/01 00:00:00	2850		30
7	7782	CLARK	MANAGER	7839	1981/06/09 00:00:00	2450		10
8	7788	SCOTT	ANALYST	7566	1987/04/19 00:00:00	3000		20
9	7839	KING	PRESIDENT		1981/11/17 00:00:00	5000		10
10	7844	TURNER	SALESMAN	7698	1981/09/08 00:00:00	1500	0	30
11	7876	ADAMS	CLERK	7788	1987/05/23 00:00:00	1100		20
12	7900	JAMES	CLERK	7698	1981/12/03 00:00:00	950		30
13	7902	FORD	ANALYST	7566	1981/12/03 00:00:00	3000		20
14	7934	MILLER	CLERK	7782	1982/01/23 00:00:00	1300		10

图 2-1　在 SQL Tool 上运行 Query 语句

如上图 2-1 所示，可以得出直观的良好结果。以下开始介绍该 SELECT 语句通过哪些过程得出图上所示的结果值。

将按分析 SELECT * FROM SCOTT. EMP;语句的语法—制定并运行执行计划—得出结果的顺序进行。

1) 语法分析(syntax analysis)

首先介绍的是语法分析。语法分析中处理的内容包括用户输入的 QUERY 语句以往是否执行过、语法是否错误、输入的对象(表、用户等)是否真实存在等。语法分析可细分为以下 6 个步骤：

① SEARCH(搜索)；

② SYNTAX(语法检查)；

③ SEMANTIC(语义检查)；

④ QUERY TRANSFORMATION(查询转换)；

⑤ 权限确认；

⑥ TM (table management) LOCK。

语法分析步骤从①搜索是否有相同 SQL 的信息开始。在 SGA 的 Shared Pool 内的库缓存(library cache)中,如果相同的SQL含有SQL执行计划等信息,则会重复使用该内容。因此,省略语法分析以后的过程,直接转至运行步骤,被称为软解析(soft parsing)。如果是以往未运行过的SQL语句,则会进行硬解析(hard parsing)过程。硬解析是指语法分析、制定执行计划这两个过程都重新进行。因此,硬解析太多会导致性能下降,最好避免进行硬解析。有些人可能会问如何能避免硬解析,其中典型方法就是使用绑定变量,随后本书将进行介绍这项内容。重新查看①搜索内容时,搜索后发现不是过去运行过的SQL语句,则会转至②语法检查步骤检查QUERY语句的语法。如果没有语法错误,则会转至③SEMANTIC步骤检查QUERY语句中使用的表和列等是否在数据库中确实存在。如果使用的是不存在的表或列,用户会收到错误消息。如果表和列存在,则会转至④查询转换步骤。查询转换步骤中不会检查语法,而是转换查询方式,得出与用户输入的查询语句相同的结果值的同时有效进行表达。在此过程中,优化器尽可能多地检查事件个数的访问路径,以便找出更适合的执行计划。查询转换按以下方式进行:

(1) 视图合并(MERGING):

① 仅在内嵌(inline)视图或即使合并视图和主查询仍得出与现有SQL相同结果值时才执行。

② 执行内嵌视图或视图与主查询的整合的步骤。

③ 如果在视图中使用OUTER JOIN、GROUP BY、所有AGGREGATE FUNCTION、OWNUM、DISTINCT等,则无法合并视图。因为如果视图内部含有其他条件,则输出的结果与原来的值不同,违反了完整性。

④ 为合并视图,应始终检查执行计划。

参考以下例子:

```
SELECT EMP.EMPNO
    FROM (SELECT EMP.EMPNO
    FROM EMP WHERE SAL > 500)
    WHERE DEPTNO = 10;
```

输入这些查询语句时,将按以下方式合并视图:

```
SELECT EMP.EMPNO
FROM EMP, DEPT
WHERE DEPT.DEPTNO = 10 AND EMP.SAL > 500;
```

按这种方式合并视图可解决访问较多的情况。

(2) 子查询合并(MERGING):

① 删除子查询或变更为EXISTS子句或NOT EXISTS子句的现象。

② 变更的SQL和变更前的SQL提取相同数据,变更SQL是为了最大限度地减少处理范围以提高性能。

③ 子查询合并有时会导致性能不良,必须检查执行计划。

(3) 传递(transitivity):

① 简单来说就是自然转移。(如果 a=b, b=c,则 a=c。)

② 在此步骤中,执行将无逻辑问题的条件添加至相应 SQL 的操作。

③ 这是为相应 SQL 提供附加条件,以减少处理范围。

参考以下例子:

```
SELECT E.EMP, D.DNAME, E.SAL
FROM EMP E, DEPT D
WHERE E.DEPTNO = D.DEPTNO AND D.DEPTNO = 10 AND E.EMPNO = 2202;
```

输入以上查询语句时,会在最后部分加上 AND E.DEPTNO=10。此外还有 OR EXPANSION 步骤、QUERY REWRITE 步骤。

查询转换步骤结束后将确认语法分析的第 5 步⑤权限。权限确认是确认运行 SQL 语句的用户是否有各个表的访问权限,以及是否能执行 SQL 语句的其他权限。完成权限确认步骤后对表施加表管理(table management)锁。在运行最终完成语法分析的 SQL 语句之前,其他用户无法删除和变更(为了避免使用 DML 语句)该表,是对全部表执行 LOCK 以控制访问的步骤。该步骤是数据完整性(数据不矛盾)的必要步骤。语法分析结束后将转至制定执行计划步骤。

2) 制定执行计划(execution plan)

为实际处理指定的 SQL 语句,Oracle 通过多个步骤执行数据集的访问和处理操作。以层次结构表示一系列此类操作步骤的方式即称为执行计划。

例如,想乘坐上海地铁从上海站去世纪大道站,有很多实现方法,分为多次换乘但较为快速、时间较长但少换乘的方法等,如图 2-2 所示。在数据库中制定 SQL 语句的执行计划

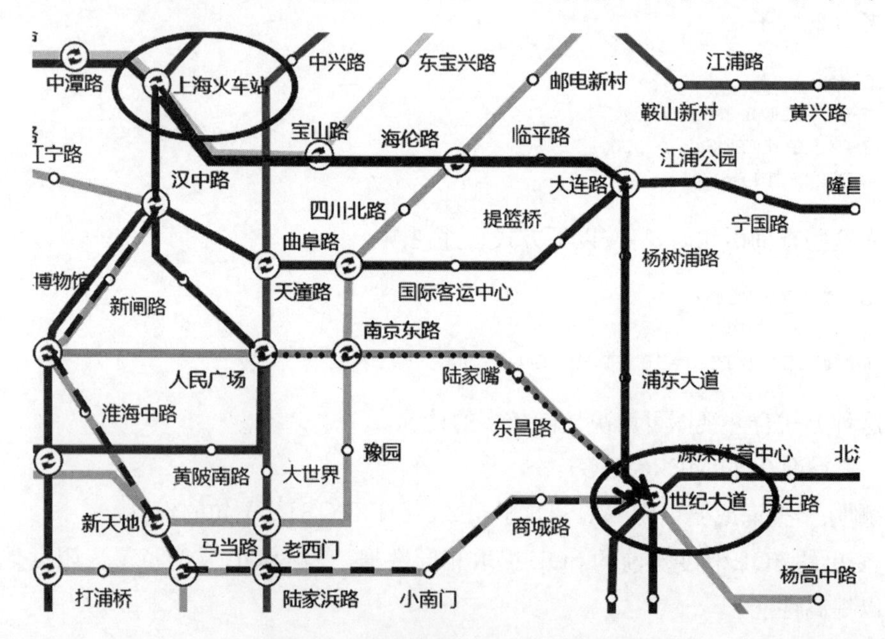

图 2-2　地铁线路和 SQL 执行计划

与计划乘坐几号线到达目的地具有相同的意义。执行计划中包括按哪种顺序对基表执行访问,按哪种方式访问各个数据集,按哪种方式执行表和表、数据集和数据集之间的 JOIN 的信息。用户将通过优化器分析 SQL 语句创建的执行计划来确保调优的关键和基本信息,但执行计划也存在缺点。执行计划是在实际运行 SQL 语句之前通过统计信息和优化器的计算创建的计划(以后要做事情的步骤),因此并不总能创建全面优化的计划。因此要意识到实际上有可能应用其他执行计划处理 SQL 语句后再解析执行计划。

使用 DB 开发者常用的 Orange (Oracle DB Tool)确认以下例子的执行计划。确认方法有在 [Plan Tool] 中查看执行计划的方法和在 [SQL Tool] 中查看执行计划的方法。

参考以下例子:

```
SELECT e.empno, e.ename, sum(e.sal)
FROM    emp e, dept d, salgrade s
WHERE    e.deptno = d.deptno
    AND e.sal between s.losal AND s.hisal
    AND empno >'7900'
GROUP BY e.empno, e.ename;
```

3) 解析执行计划(execution plan)

在执行计划的各个步骤处理的行将转发给下一个步骤,这种在一个步骤处理后转发的行集称为 row source。各个步骤从数据对象直接提取行或从之前的步骤输入 row source。在图 2-3 所示 Plan Tool 中确认的执行计划中,步骤 3、4、5 通过实际访问对象导入行,步骤 1、2 则通过输入 row source 进行操作(执行计划的左列为 row source key,旁边的列为 row

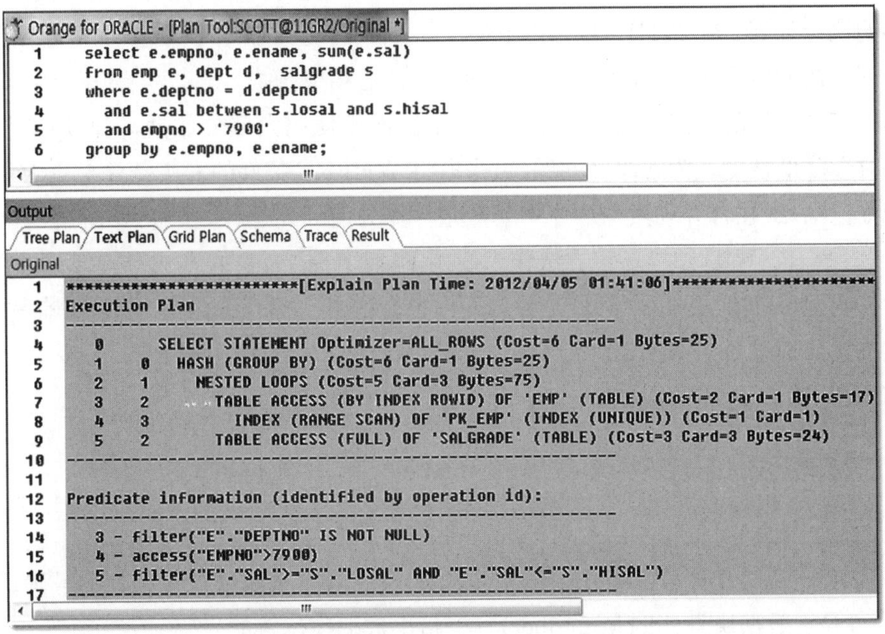

```
Orange for ORACLE - [Plan Tool:SCOTT@11GR2/Original *]
1  select e.empno, e.ename, sum(e.sal)
2  from emp e, dept d,  salgrade s
3  where e.deptno = d.deptno
4    and e.sal between s.losal and s.hisal
5    and empno > '7900'
6  group by e.empno, e.ename;

Output
Tree Plan | Text Plan | Grid Plan | Schema | Trace | Result
Original
1  **************************[Explain Plan Time: 2012/04/05 01:41:06]**********************
2  Execution Plan
3  ------------------------------------------------------------------
4     0      SELECT STATEMENT Optimizer=ALL_ROWS (Cost=6 Card=1 Bytes=25)
5     1    0   HASH (GROUP BY) (Cost=6 Card=1 Bytes=25)
6     2    1     NESTED LOOPS (Cost=5 Card=3 Bytes=75)
7     3    2       TABLE ACCESS (BY INDEX ROWID) OF 'EMP' (TABLE) (Cost=2 Card=1 Bytes=17)
8     4    3         INDEX (RANGE SCAN) OF 'PK_EMP' (INDEX (UNIQUE)) (Cost=1 Card=1)
9     5    2       TABLE ACCESS (FULL) OF 'SALGRADE' (TABLE) (Cost=3 Card=3 Bytes=24)
10 ------------------------------------------------------------------
11
12 Predicate information (identified by operation id):
13 ------------------------------------------------------------------
14    3 - filter("E"."DEPTNO" IS NOT NULL)
15    4 - access("EMPNO">7900)
16    5 - filter("E"."SAL">="S"."LOSAL" AND "E"."SAL"<="S"."HISAL")
17 ------------------------------------------------------------------
```

图 2-3　在 Plan Tool 中确认执行计划

source parent key。上述说明为 row source key 标准)。在图 2-4 中,对于全表扫描这种可能会降低性能的计划,可以查看设置为红色的文字部分。

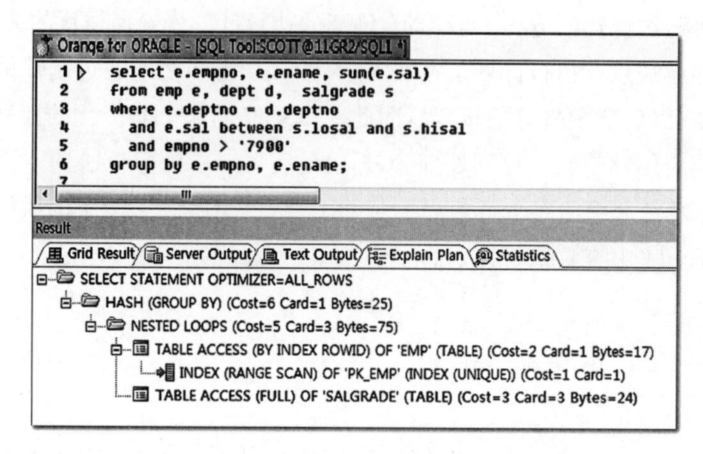

图 2-4 在 SQL Tool 中确认执行计划

4) 执行步骤

简单正确地解析执行计划的方法为"从缩进最多部分开始从上往下解析"。如图 2-3 中的"Execution Plan"区块所示,从缩进最多的 4-3 开始解析,用 pk_emp 扫描索引,还有行相同的 3-2 和 5-2。在这种情况下则从上面开始解析。3-2 是用 emp 的 ROWID 扫描表,5-2 是用 SALGRADE 扫描全表。在 2-1 进行连接,在 1-0 运行 HASH(GROUP BY)。按顺序解析了执行计划。下面将重点介绍各个顺序所代表的含义。

① 4-3:INDEX RANGE SCAN。索引范围扫描是索引相关执行计划中使用最多、创建最多的执行计划。在 WHERE 条件下使用如 LIKE、BETWEEN、<、> 等先决条件时生成索引列。访问索引时,扫描不满足条件的一个值后结束扫描。

索引范围扫描的缺点主要是为了处理大范围而不使用大部分数据,仅使用某些数据提取结果时会降低性能。为解决此问题,可采取将 WHERE 条件的先决条件变更为点条件以缩小扫描范围,或在合并列索引顺序中将点条件作为前导列运行,以缩小扫描范围的方法。

② 3-2:ROWID 扫描。该方法作为使用 ROWID 扫描表的方式,是 Oracle 中可以最快访问相应记录的方法。ROWID 是数据库中各行的唯一标识符。ROWID 具有物理地址,可迅速查找要通过 SINGLE BLOCK ACCESS 查找的行,因此速度最快。

ROWID 由以下部分组成:

××××××　×××　××××××　×××
(1)　(2)　(3)　(4)

(1) 6 位:数据对象号(data object number)——对象的唯一号码。

(2) 3 位:相对文件号(relative file number)——各个数据文件分配到的号码。

(3) 6 位:数据块号(block number)——指出数据块位置的号码。

(4) 3 位:数据块内的行号(row number)——指出保存在 Oracle 数据块头中的行目录

槽位置的唯一号码。

但不推荐将ROWID设置为搜索条件。ROWID是对用户没有任何意义的字符串，因此很难记住，可以通过导出、导入、表移动等更改ROWID。图2-5所示为在SQL Tool中查找ROWID。

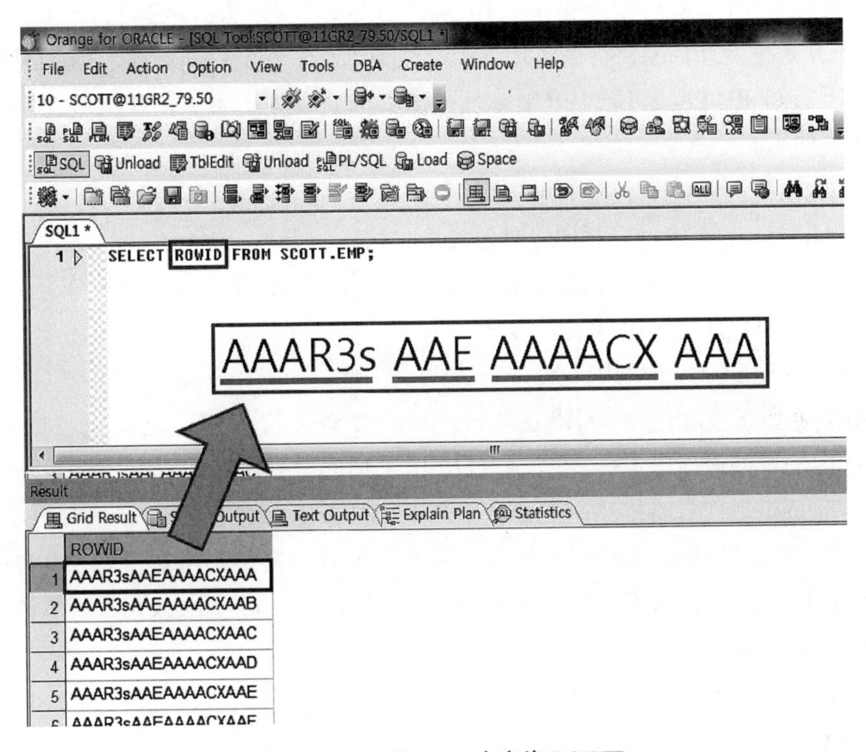

图2-5 在SQL Tool中查找ROWID

③ 5-2：FULL-TABLE SCAN。全表扫描是确认整个表中是否有与条件相同值的一种扫描方法。许多人认为进行全表扫描是因为索引选择不正确，认为索引扫描优于全表扫描。索引扫描确实会改善性能，但对DML语句、查找结果值多的数据以及Hash连接等使用全表扫描，性能会比应用索引时更加良好。因此，相比考虑使用哪种方法扫描，考虑是否会造成性能下降更为重要。

FULL-TABLE SCAN的特点包括：

(1) 可使用并行处理(Parallel Processing)。一般情况下，表只使用一个进程访问，因此即使有大量资源，也无法全部使用。但在FULL-TABLE SCAN中一个操作可以使用多个进程，因此可以最大限度地利用该系统的资源，快速访问大容量表。Parallel Processing使用大量资源，因此在线使用时需注意，访问大容量数据时也应慎重使用。

(2) 多重数据块I/O：在全表扫描过程中若执行一次磁盘I/O，则会同时读取与DB_FILE_MULTI_BLOCK_READ_COUNT参数指定的值相同的DB数据块。因此处理对象集数量相同时，相比执行SINGLE数据块I/O的一般索引扫描，执行全表扫描时性能更优秀。

④ 2－1：嵌套循环连接(NESTED-LOOP JOIN)。扫描外部(outer)表时若满足条件，使用连接列相应的值扫描内部(inner)表时会搜索相同的数据，并按外部表的结果数反复扫描内部表。大部分在线程序，为了以特定表的条件为标准读取所需信息，将会以与其他表连接的运行计划，但某些时候会指定采用 NESTED-LOOPS 方式的运行计划。NESTED-LOOP JOIN 是按处理范围执行循环的连接，适合于处理较少行的连接。但如果错误地使用 NESTED-LOOP JOIN 可能会严重降低性能。因此应先了解 NESTED-LOOP JOIN 的正确结构再使用。

将在本书的后半部“连接的种类和顺序”中再次介绍此内容。

A. driving(outer)表——在连接对象表中先扫描的表。

B. inner 表——在连接对象表中后扫描的表。NESTED-LOOP JOIN 分为先扫描的表和后扫描的表，因此连接顺序有很大影响。

⑤ 1－0：HASH (GROUP BY)

从 Oracle 到 9i 为止执行 GROUP BY 时一般会进行排序。但优化器在版本升级(version up)完毕的最新版本中，可创建 HASH(GROUP BY)执行计划。为避免因排序造成性能下降，逐渐呈现省略排序的趋势。SORT(GROUP BY)由用于 GROUP BY 子句的列提取排序的值，但 HASH(GROUP BY)不会提取排序的值。当然，HASH 的速度快得多。但使用 HASH(GROUP BY)时不会执行排序，要与现有使用 GROUP BY 语句执行排序的 SQL 比较时应慎重。

制定执行计划时，Oracle 提供基于规则(rule-based)和基于成本(cost-based)的两种优化技术。基于规则的优化器(rule-based optimizer, RBO)根据条件语句的 syntax(语法)预先确定条件范围，以此为基础制定执行计划，基于成本的优化器(cost-based optimizer, CBO)则以对象的 data dictionary 统计信息为基础算出条件语句的成本(cost)后制定执行计划。CBO 从 Oracle 7 版本开始就已推出 并且持续改善其功能，按 Oracle 的策略，以后将废除 RBO。此外，Oracle 8 版本后新推出的分区、M-VIEW 等许多功能只能在 CBO 下使用，因此最好默认使用 CBO，必要时通过 SQL 或会话(session)单元选择 RBO 使用是明智的方式。

2.2 基于规则的优化器

基于规则是指根据条件语句的 syntax 预先确定条件范围(selectivity)并以此为基础制定执行计划。以下为 RBO 预先对性能定义规则的项目。由于条件是号码越小性能越好，会赋予高优先顺位。

1) RBO的RULE

(1) ROWID的单个行访问。

(2) CLUSTER JOIN的单个行访问。

(3) 使用unique-key、primary-key的HASH cluster key的单个行访问。

(4) 由unique-key、primary-key创建的unique INDEX的单个行访问。

(5) CLUSTER连接。

(6) non unique HASH cluster key。

(7) non unique cluster key(索引化的Cluster-Key)。

(8) NON UNIQUE组合索引。

(9) 单一列索引的等效搜索。

(10) 在有限范围内搜索已构建索引的列(BETWEEN、LIKE、＜、AND、＞、=表达式)。

(11) 无限制搜索已构建索引的列(≥、≤表达式)。

(12) 排序—合并连接。

(13) 已构建索引的列的MAX、MIN。

(14) 已构建索引的列的ORDER BY。

(15) 全表扫描。

2) RBO中的SQL调优

创建连接语句的执行计划时,RBO对所有可能的连接顺序以指定的access path优先顺序为标准,尽量少执行FULL-TABLE SCAN,同样尽量少执行SORT-MERGE操作。反之,优先查找返还单个行条件较多的连接顺序。条件相同时,将从FROM子句的右侧表向左选择driving(外部)表。WHERE子句按从下往上的顺序处理,事实上只在AND-EQUAL处理五个以上的索引时才使用该规则。此时,从底部选择用于五个条件子句的索引作为AND-EQUAL处理对象。若两个执行计划的优先顺序完全相同,RBO只能选择在行缓存内先发现的执行计划。即意味着用于查询的执行计划可能会受到索引或其他对象创建顺序的影响(选择最近创建的索引)。所以在RBO下调优SQL的方式主要有变更SQL语句的方式和调整索引构成的方式。

2.3 基于成本的优化器

优化器收集相应数据库的统计信息,并以该资料为基础创建SQL的执行计划。统计信息中保存有列选择度、数据量等大量信息,因此基于规则的优化器可以更灵活地创建执行计划。不过,统计信息只将无数信息中的一部分作为统计信息保存,因此有时会创建错误的执行计划。首先介绍CBO中使用的重要术语。

1）成本(cost)

Cost 是为比较处理 SQL 语句的各个方法的成本而在 CBO 中使用的成本评价的单位。对于 index access 和 table access，CBO 将以各自 access method 所需的 I/O 次数为基础计算 cost，在其中反映一部分 CPU、network 成本并校正。但 DBA 会将由 CBO 计算的 cost 与实际发生的 I/O 成本相关联，很难应用到 SQL 语句调优中。因此理解 cost 值的含义即可。

（1）table scan cost。

常用的表扫描成本的计算方法如下：

成本(cost)＝ceil(HWM 下的所有对象数据块数 / DB_FILE_MULTIBLOCK_READ_COUNT)

作为参考，如果表分为多个 extent 且各个 extent 未指定为 DB_FILE_MULTIBLOCK_READ_COUNT DB_BLOCK_SIZE 的倍数，则会出现低效 I/O。例如，一个 extent 由 20 个数据块组成，且 DB_FILE_MULTIBLOCK_READ_COUNT＝8，则每个 extent 的 I/O 次数为 2(8＊2＝16)＋1(4)，即为 3 次，最后为了只读取 4 个数据块出现执行一次 I/O 的低效操作。

Ceil 函数返还大于或等于自变量的最小整数值，返还值的类型与自变量的类型相同。

在 Oracle 中逻辑上最小的 I/O 单位为数据块(block)。extent 是由相关联的数据块构成的逻辑单位。segment 以 extent 为单位分配(allocate)或取消分配(de-allocate)存储空间。使用 extent 时，相关 block 将保存到连续空间，有利于 I/O。即如果有内容要写入 data file，Oracle 会以 extent 单位进行分配，使相关的 Block 保存至连续的空间。

（2）index scan cost。

索引扫描的成本将根据以下要素进行计算：

① B＊树 level 数。

② 对象 leaf block 的数。

③ 结果上访问的 table block 数(clustering factor)。

INDEX FAST FULL SCAN 时会受到 DB_FILE_MULTIBLOCK_READ_COUNT 的影响。仅使用索引的构成列就能得出满意结果时，可使用 INDEX FAST FULL SCAN。否则，会因表的 random access 造成表扫描的平均成本增高。一般情况下，对象范围超过所有行的 5%～10%，则判断表扫描优于索引扫描。

（3）SORT cost。

排序操作成本并非用于访问对象数据的成本，而是用于排序已提取数据的成本。若使用以特定列为标准排序的索引提取数据时，可以减少额外的排序操作成本。而且根据所有排序操作的对象与 SORT_AREA_SIZE 比较大小的差异，以确定排序操作的成本。

① SORT 操作是非常 CPU INTENSIVE(集中)的操作。

② 如果无法在内存内执行 SORT 操作，则进行 I/O INTENSIVE(集中)的操作。

③ SORT 操作的 cost 将根据以下要素进行计算：

A. SORT 对象行数和大小；

B. SORT_AREA_SIZE。

④ 发生 SORT 操作时，可用以下操作：

A. ORDER BY；

B. AGGREGATION；

C. JOIN OPERATIONS。

2）选择度(selectivity)

选择度指满足 WHERE 子句中所示条件的行数在整个表中所占的比率。要了解 SQL 语句实际应访问的对象范围程度才能计算实际成本，这是非常重要的概念。对于值未均等分布的列的选择度，可以使用直方图计算出更准确的结果。

选择度＝(符合条件的行数/表的所有行数)×100＝(1/列值种类)×100

3）选择度计算

(1) 指定 literal 值时，根据 High_value 和 Low_value 值计算条件值的比率。literal 值指编译时按进程内定义的方式准确解析的值。与此相比，变量在程序运行时可根据需要表示不同的值，常数在程序运行时则始终表示相同的值。但 literal 不是名称，而是值本身。例如，在公式 x=7 中，"x"为变量，"7"为 literal 值。literal 值可以是数字，也可以是文字或字符串。

(2) 指定绑定变量时，分为以下两种情况：

① 若指定的条件为绑定变量，则在绑定实际变量值之前制定执行计划，因此 CBO 无法计算该列的准确选择度。此时，对于各个运算符，CBO 会将选择度(selectivity)作为 default 值进行计算。

```
default selectivity:
    COL1 = :a, 1/NDV (number of distinct value)
    COL1 > :a, 0.05 (5%)
    COL1 between :a AND :b, 0.05 * 0.05 = 0.0025
    COL1 like :a, 0.25 (25%)
```

② 多个条件组合时(多个条件子句通过 AND、OR 的组合时)，

```
AND : (selectivity of 列1) * (selectivity of exp2)。
OR : (selectivity of exp1 + selectivity of exp2) - (selectivity of exp1 * selectivity of exp2)。
```

作为参考，使用 bind 变量和使用 literal value 时所用的选择度(selectivity)不同，因此若要查看实际执行计划，执行时不能用特定 literal 替换 bind 变量，才能查看准确的执行计划。

4）基数(cardinality)

cardinality 指通过特定表或子集指定操作返还后计算的行数。例如，CBO 对某些 index access 以 100 来计算 cardinality 时，会查找该索引，表示预期会返回 100 条索引。

cardinality 直接影响 access method* 和 join method 的选择，是非常重要的项目。cardinality 非常大时，优化器作为 access method 可能会选择 FULL-TABLE SCAN，作为 join method 则可能会选择 HASH JOIN。driving(外部)表的 cardinality 是 NESTED LOOP JOIN 成本评价中非常重要的要素。会根据该值确定执行 Loop(重复)操作的次数。此外，排序操作的成本也依据 cardinality 值，因此对排序操作成本的计算同样有着重要意义。

5）传递性(transitivity)

transitivity 是通过推算出各个"＝"条件语句的相关性，逻辑上等价地替换条件语句时应用的代数特点。这在离散数学中应用广泛。例如，A＝B、B＝C，则可以替换为 A＝C(当然，如果上述条件为连接条件，则不会如此简单地进行替换)。CBO 利用这些 transitivity 以更加多样化的方式应用索引，则得出更为有效的执行计划的可能性增大。

6）优化器模式

(1) RULE：不考虑分析(analyze)信息，根据 SQL 语句信息创建最佳执行计划。

(2) CHOOSE：根据 data dictionary 信息中分析(analyze)信息的有无，基于成本或基于规则(rule-based)制定最优路径(统计资料不存在时与 rule-based 相同)。

(3) FIRST_ROWS：为使用最少的资源导入第一个行而创建执行计划，无法优化需要排序(SORT)的 SQL。使用基于成本(cost-based)的优化方式。

(4) ALL_ROWS：为使用最少的资源导入所需的全部结果而创建执行计划。使用基于成本(cost-based)的优化方式。

(5) FIRST_ROWS_n：为使用最少的资源导入第 n 个行而创建执行计划。

7）选择优化器模式时的注意事项

选择优化器模式时注意事项如图 2－6 所示。

MODE	优　点	缺　点	适用系统
RULE	不需要 ANALYZE 操作	对专家的依赖很大	数据变化少的大容量系统
	期待一定的响应速度	不能使用大部分的优化功能	
CHOOSE	最大限度利用优化功能	需要周期性的 ANALYZE 操作	数据变化多的系统
		可能会确立效率低的实行计划	应用程序多的业务
FIRST_ROWS	确立 NESTED LOOP 为主的实行计划	需要一部分转换为 HASH JOIN 的操作	LOTP 业务系统
ALL_ROWS	确立 HASH JOIN 为主的实行计划	需要一部分转换为 NESTED LOOP 的操作	BATCH 型业务系统

图 2－6　选择优化器模式时的注意事项

* access method 作为数据 access 的方式，表示 INDEX ACCESS 或 FULL-TABLE SCAN ACCESS，join method 作为优化器的选择的方式，表示 NESTED LOOP、SORT MERGE、HASH JOIN 等。

8）影响基于成本的优化器(CBO)的参数

① OPTIMIZER_FEATURES_ENABLED：要直接使用特定版本的优化器时。

② OPTIMIZER_MODE：用于实例的优化器的模式设置。

③ OPTIMIZER_PERCENT_PARALLEL：指定对象的并行处理数(degree)反映到成本的程度(%)。

④ HASH_AREA_SIZE：影响 HASH JOIN 的成本。

⑤ SORT_AREA_SIZE：影响 SORT MERGE JOIN 的成本。

⑥ DB_FILE_MULTIBLOCK_READ_COUNT：影响 FULL SCAN 的成本。

⑦ ALWAYS_ANTI_JOIN：NOT IN SUBQUERY 时将执行计划设置为 ANTI HASH JOIN。

⑧ HASH_JOIN_ENABLED：决定是否使用 HASH JOIN。

⑨ HASH_MULTIBLOCK_IO_COUNT：影响 HASH JOIN 的成本。

⑩ OPTIMIZER_INDEX_COST_ADJ：使用索引的影响度(0～100，default:100)。

⑪ OPTIMIZER_INDEX_CACHING：NESTED LOOP JOIN 时使用的索引 leaf block 的缓存度(0～100，default：0)。

9）优化器的限制

前文已对优化器存在限制的原因做过介绍。简单来说，在实际运行 SQL 之前，优化器就需要利用统计资料制定执行计划。即优化器最大的限制就是在指定时间内仅用指定的统计信息预测成本。此外，通过预先指定的数学公式计算受多种要素影响的实际数据的统计选择度，无法避免受限情况。

① 信息量是限制：无法预先拥有可用于指定条件的所有统计信息。

② 可用时间的限制：制定执行计划所花费的时间也是 SQL 的执行成本。

③ 数据选择度计算的限制：所用运算符各自组合引起的各种事件个数；多种列的组合引起的各种事件个数；实际情况下大多使用 bind 变量，使用 bind 变量时 histogram 也无法使用，最后还是取决于平均值。

2.4 优化器提示

优化器因各种限制制定无效执行计划，或主要由更了解实际数据特点和应用程序用途的用户进行分析和判断，为制定更优化的执行计划而引导优化器时使用提示(HINT)。在制定由优化器执行的 SQL 语句的执行计划过程中，提示为用户提供了可直接进行介入的方法。

1）使用提示的原因

(1) 优化器选择与预期路径不同的执行路径而影响性能时，为引导正确的路径而使用提示。

(2) 校正应用的优化器模式、数据访问方法、连接方法以及顺序等。

注意：提示只影响 SQL 的处理路径，不会影响 SQL 的结果。提示是用户对优化器下达的指示，但优化器可能会忽略不合理的提示。

2) 忽略提示时的情形

(1) 语法错误(syntactic)—被识别成 comment(注释)而忽略。

(2) 逻辑错误(semantic)：

① 请求的访问与其他提示冲突或语法处理不合理时；

② 请求使用前导列不使用的索引；

③ 在包含仅在 CBO 运行的功能的 SQL 上使用 RULE 提示；

④ 在查找已指定分区、并行处理选项的表时，即使要使用 RULE 优化器还是会使用 CBO。

3) 提示的使用方法

(1) 提示在 SELECT 语句后以 /＊＋提示区分 ＊/ 的方式使用。

(2) 意味着除了 RULE 和 DRIVING_SITE 外的所有提示将选择 CBO 用作优化器。无统计资料下使用 HINT 时应慎重。

(3) 已指定 ALIAS(别名)的表名必须使用 ALIAS(别名)。

(4) 若提示无效，则要检查 SQL 处理机制是否请求不可用的路径。

参考以下例子：

```
SELECT  empno, ename
FROM emp
WHERE empno >= 7566;

执行计划>
Rows    Row Source Operation
---- --------------------
   0     STATEMENT
11        TABLE ACCESS FULL EMP
```

如果按上述方法运行查询，则会执行 FULL TABLE 扫描。反之，如果按下述方法使用提示，则可以修改为使用 emp 表的 pk 扫描索引。

```
SELECT /* + index(emp pk_emp) */empno, ename
FROM emp
WHERE empno >= 7566;

执行计划>
Rows    Row Source Operation
---- --------------------
   0  STATEMENT
  11    TABLE ACCESS BY INDEX ROWID EMP
  12      INDEX RANGE SCAN OF PK_EMP (UNIQUE)
```

在最新版 Oracle 中两种情况都会执行索引扫描。以上例子是笔者为介绍提示而制定的执行计划。

4）常用的提示语句

常用提示语句如图 2-7 所示。

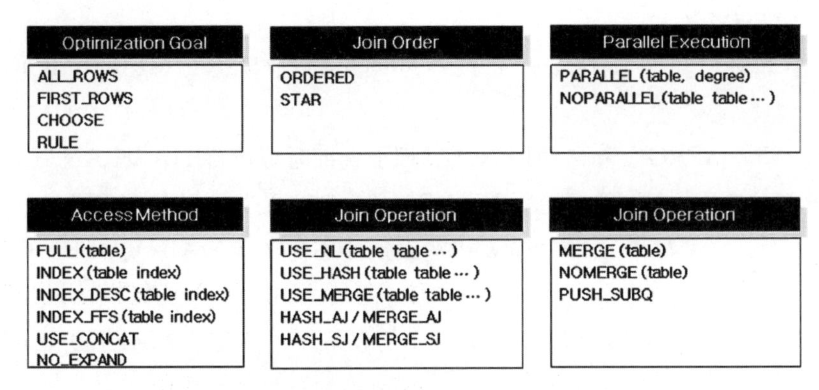

图 2-7　提示语句

(1) OPTIMIZATION GOAL。

ALL_ROWS：以整个范围的处理速度为标准制定执行计划(连接时通常选择 HASH JOIN)。

FIRST_ROWS：以部分速度处理为标准确立执行计划(连接时通常选择 NESTED LOOP JOIN)。

CHOOSE：有 ANALYZE 信息时使用 CBO，否则使用 RBO 处理。

RULE：通过 SQL syntax 制定执行计划。

(2) JOIN ORDER。

ORDERED：按 FROM 子句中所列的表顺的序连接。

STAR：先连接 dimensional table 后连接 FACT table。

(3) PARALLEL EXECUTION。

PARALLEL (table，degree)：访问特定表时使用的并行处理进程数。

NOPARALLEL (table table …)：访问特定表时请勿并行处理。

(4) ACCESS METHOD。

FULL (table)：全局扫描对象表。

INDEX (table index)：访问特定表时使用的索引定义。

INDEX_DESC (table index)：扫描索引时按倒序进行。

INDEX_FFS (table index)：全局扫描索引时。

USE_CONCAT：有 OR 条件语句时分为两个以上的 SQL 语句并 CONCATENATION (串联)结果。

NO_EXPAND：有 OR 条件语句时，请勿分开运行 SQL 语句。

(5) JOIN OPERATION。

USE_NL (table table …)：按顺序列出执行 NESTED LOOP JOIN 的表，与“ordered”一起使用。

USE_HASH (table table …)：按顺序列出执行 HASH JOIN 的表，与“ordered”一起使用。

USE_MERGE (table table …)：按顺序列出执行 SORT MERGE JOIN 的表，与“ordered”一起使用。

HASH_AJ / MERGE_AJ：使用 NOT IN 子查询时请执行 HASH ANTI JOIN。

HASH_SJ / MERGE_SJ ：使用 EXISTS 子查询时请执行 HASH SEMI JOIN。

MERGE (table)：如果 Inline View 中的表条件还存在于 MAIN QUERY 中，请进行合并处理。

NOMERGE (table)：如果 Inline View 中的表条件还存在于 MAIN QUERY 中，请进行合并处理。

PUSH_SUBQ：访问特定表时如果有相关的子查询，请务必执行后再与表连接。

使用 Orange Template Browser 查看优化器提示如图 2-8 所示。

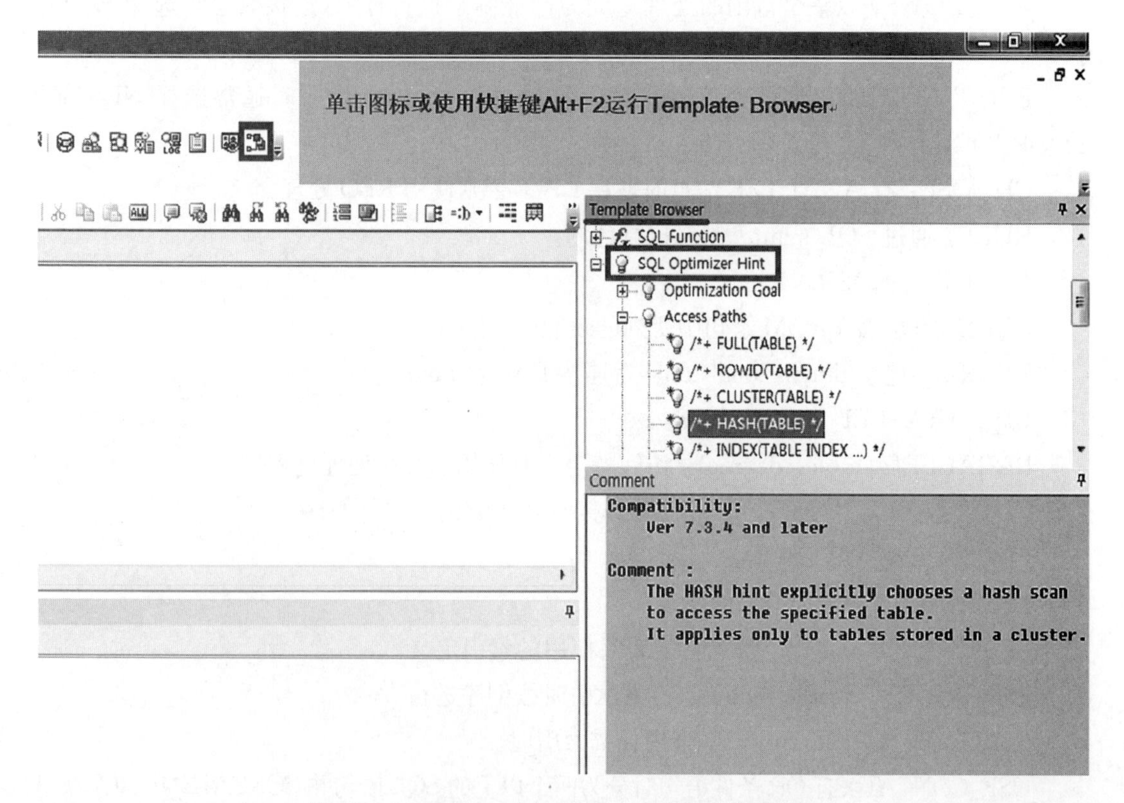

图 2-8 Orange Template Browser 查看优化器提示

单击方框部分图标( )、单击最顶端菜单的 [View] — [Template Browser] 或按快捷键 Alt＋F2 则会运行［Template Browser］。［Template Browser］将以树的形式对 DML、DDL、PL/SQL、PL/SQL control structure、Pseudo column、SQL function、SQL optimizer hint 的目录进行排序，使用户创建指令时可以轻松使用指令规则。双击所选指令时，SQL Tool 的 editor 窗口中将生成 template。此外，单击该项目时将在底部的 comment 选项卡中显示该项目的说明和事例，任何人都可以轻松使用函数和指令。而且［Template Browser］可以单独创建窗口，创建 SQL 时可以帮助用户方便快捷的进行操作。

Tip <Orange DB Tool — Stats Manager>

(6) stats manager。stats manager 工具(图 2-9)可以帮助用户轻松生成表、索引、簇等段对象的统计信息，可按多种选项设置统计信息生成对象的选择和方法。而且 stats manager 提供有 DBMS_STATS 方法和 ANALYZE 方法，操作时 DBMS_STATS 可将 table、index、column、schema、database 用作对象，ANALYZE 可将 table、index 用作对象。此外，可以不立即生成统计信息，只生成 script 作为参考资料使用。

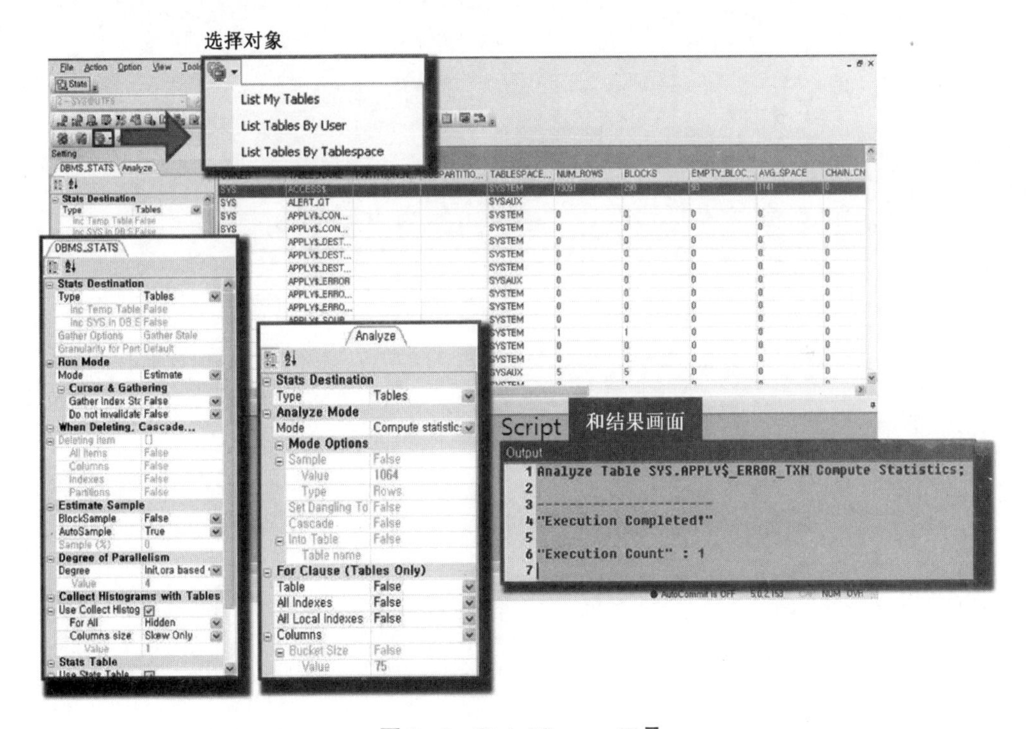

图 2-9　Stats Manager 工具

第3章

索引

学习数据库调优时若忽略索引(index),本书内容的一半就已足够。索引是 SQL 调优中必需的重要存在。而且如果不正确地使用索引,可能会对性能、资源等许多部分产生不良影响。因此准确地理解和正确地使用索引这把双刃剑,才能获得优秀的性能。为此,请仔细阅读以下事项:

(1) 了解索引和表的数据结构和访问形式。

(2) 了解 B* 树索引结构和数据生成、访问时 I/O 的发生形式。

(3) 为根据不同情况使用适当的索引,要学习各种类型的索引。

因为只有明确了解表和索引的概念才能轻松解决复杂的内容。关系型数据库的表和索引与实际生活中发生的数据管理方法非常相似例如图书馆管理图书。

(1) 表:看作是图书馆的书柜。书籍不会按任何顺序保管,而是按请求符号整理(实际上图书馆资料的请求符号管理方法是先分成大类,再在下面分成小类,以此对资料进行保管)。也可考虑按类别保存表,但要预先计算各类别所需书柜的数量,因此很不方便。

(2) 索引:可以视作为了告知在图书馆查找书籍的人书籍位置的独立索引抽屉。按作者名查找书籍的情况较多时,以作者名顺序创建索引抽屉;按书籍名称查找书籍的情况较多时,按书籍名称顺序创建索引抽屉;按书籍类别查找书籍的情况较多时,则按书籍类别顺序创建抽屉。创建索引抽屉时,应考虑偶有发生的损益分歧点,考虑是否创建。

总体来说,索引是用户使用 SQL 语句查找时为提高查找速度而创建的对象。与在图书馆的众多书籍中快速方便地查找想要阅读的书籍相同。但若创建太多索引,购买新书或废弃时,会产生额外的维护费用。这是由于添加或删除书籍时应更新现有的索引抽屉。因此,应考虑访问表的各种类型和频繁程度,制定适当的索引策略是优化整个应用程序速度的重要因素。

3.1 索引类型

现实生活中存在很多变数。如果只有一种索引,对性能的影响将弊大于利。幸运的是 DBMS 提供了满足各种情况的多种索引。因此要学习各种索引的优缺点,清楚在哪种情况适合用哪种索引。

3.1.1 B* 树索引

在关系型数据库中最常使用的索引就是 B* 树状索引(balance* tree index)。B* 树状索引具有树形结构。该结构先将指定值与列表中间点的值进行比较，如果该值更大将舍弃列表值小的一半；如果该值更小则舍弃列表值大的一半，直到发现一个值或列表结束前将重复进行此操作进行搜索。在图 3－1 中 root 列表的中间值 F 保存到 root-Level 的数据块中。然后以中间值为标准，将较小值和较大值的信息分别保存到 branch level 的左右数据块中。当然，branch level 数据块的信息也会一同保存至 root level 数据块。最后 leaf-level 数据块中将同时保存生成表索引的列信息和 ROWID 信息，完成 B＊树。

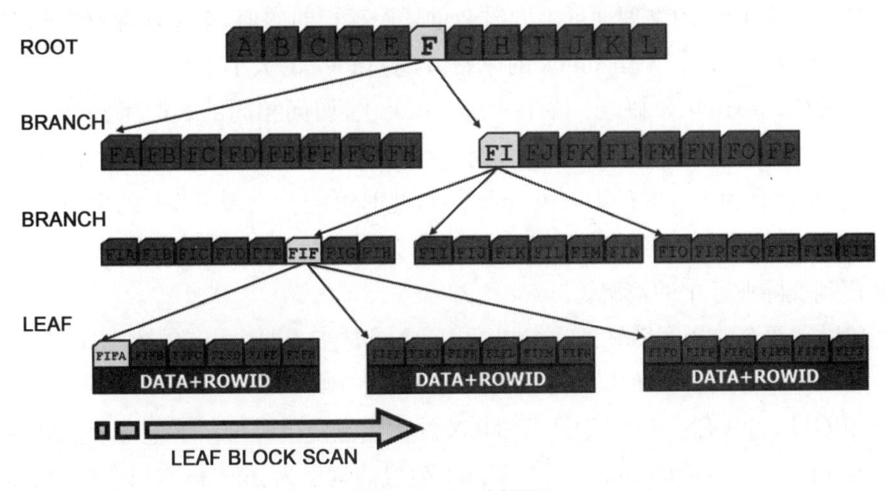

图 3－1　B＊树原理

下面介绍如何使用 B＊树索引搜索数据。首先假设用户搜索 FIFA 资料信息。先以索引方式生成包含 FIFA 的列。然后对 WHERE 子句创建并运行 SQL 语句，以便查找 FIFA 值。然后服务器在分析该 SQL 语句时，条件子句的 FIFA 值列便会知道已生成索引，先从索引的 root-level 进行搜索。FIFA 比 root-level 的值大，因此会移动到右侧 branch，然后向位于最左侧的 branch 移动，最后移动到 leaf-level 便能找到所需资料。由于应用二分法扫描，资料搜索量减少 50％，可以得到良好的性能。

B＊树的特征如下：

(1) 最常用作 Oracle 的默认索引。

(2) 用于选择度良好的列时可保证良好的性能。

(3) 列中的 NULL 值较多时，若生成索引可有效搜索数据。

(4) 连接时如果用于经常同时使用的列，则能保证良好的性能。

(5) 列中不使用函数或运算符而且经常用于 WHERE 子句时可以使用。不适合随函数或运算符变化的列。

(6) 在等值查询、范围查询、少量查询中可保证良好的性能。

为更好地调优，应充分了解 B＊树索引的缺点。以下为 B＊树索引的缺点：

(1) 在 B＊树索引中，实际列值也应保存在索引中，因此管理大容量数据时可能会成为负担。

(2) B * 树索引的列值选择度良好才能保证性能良好。

(3) 在组合索引中,不使用条件的列或非同等条件的列位于组合索引中时会降低访问效率。

(4) 为兼容多种访问模式(access pattern),需要使用大量的索引。

(5) 使用 NOT 或 NULL,或者使用复杂的 OR 条件时无法保证索引的性能。

(6) 存储空间浪费。在表列值和集内,B * 树索引作为以排序形式保存相应数据 ROWID 的结构,相同值的物理地址不同时会重复保存相同的值,会造成存储空间浪费。此时,表列值的长度较大时将保留 index 的原始值,使 Index 的大小增大。

(7) 灵活性(flexibility)缺乏。在 B * 树 Index 中,访问相同的表时将并行使用两个以上的索引,因此有许多限制。但在实际业务环境中用户的要求多种多样。为满足这些要求,要创建表中所有列组合数的 B * 树 index 数,此时可能会出现 index 的大小反而比表更大的奇怪现象。此外,管理各个索引的成本可能会超出管理表本身的成本。因此,可以说是无法应用到实际业务中的情况。

(8) 如果有两个选择度良好的 B * 树索引,要同时使用两个以上的索引时会有某些限制条件。所以 B * 树索引可使用多种选项:

① UNIQUE INDEX: UNIQUE INDEX 的优点是使用时可以不包含使用索引的列的重复值。在 primary key 和 unique 限制条件下生成的索引为 unique 索引。生成 Script:

CREATE UNIQUE INDEX [index_name] ON table(column);

② NON-UNIQUE INDEX: NON-UNIQUE INDEX 可包含使用索引的列的重复数据值。生成 Script:

CREATE INDEX [index_name] ON table(column);

③ CONCATENATED INDEX: 组合索引通常用于比较搜索两个列时。如果生成的组合索引为 index ON table(A, B, C),则从前面开始按顺序进行排序。即对 A 列进行排序后再对 B 列进行排序,对 B 列进行排序后再对 C 列进行排序。且生成索引时,应将条件搜索时重要的条件(列)放在最前面。

A. SELECT * FROM table WHERE A=20 AND B=30 AND C=10;

B. SELECT * FROM table WHERE A=20 时较快。

C. SELECT * FROM table WHERE C=20 AND B=30 AND A=10;时 INDEX 不起作用。

采用 A 和 B 时,生成组合索引时表现出良好的性能。但用 C 时,组合索引不起作用。在以下章节中将进一步说明组合索引使用的相关内容。

3.1.2 BITMAP 索引

BITMAP 索引可用作弥补 B * 树索引缺点的好方法。在前文中已介绍了 B * 树索引在选择度值良好时才能使用。因此,选择度不良的表只能始终执行全表扫描吗?如果这样,使用索引将非常受限。但无须忧虑，因为使用选择度不良的表时有可以保证性能良好的BITMAP索引。BITMAP索引全部以字符0、1表示索引的值。因此，不会像B*树索引那样从上往下查找数据，而是通过WHERE子句中所用的AND、OR运算立即搜索所需数据的索引。在以下情况推荐使用BITMAP索引：

(1) 在非常大的表中搜索时使用。

(2) 查询的列数据的选择度不良时使用。

(3) B*树索引太大或生成索引时花费较长时间时使用。

(4) 索引将保存为0、1，因此显著减少存储空间。

(5) 可用于ORACLE 7.3.2以上版本。

而BITMAP也具有如下缺点：

(1) 在非同等条件(如LIKE、BETWEEN、＞、＜、≤、≥等范围条件)下无法保证性能。

(2) 保存时将以线段形式保存，所以频繁修改的列中进行块级别锁定(Lock)等操作时会造成大量负载。因此如果经常对表执行UPDATE、ELETE、INSERT子句，反而会降低性能。

3.1.3 倒序索引

假设B-树索引的索引列数据值为111、211、311、411……B-树索引初期时已左右平衡，但随着索引的使用，由于UPDATE、DELETE、NSERT等使按顺序排序的树向一方倾斜失去平衡。如果出现这种情况则会失去索引功能，可能对性能产生不良影响。弥补这些问题所使用的索引就是倒序索引(REVERSE KEY INDEX)。生成Script：

CREATE INDEX [index_name] ON [table_name(column)] REVERSE;

倒序索引将以Byte单位按倒序方式保存索引列的数据值。例如，123会从原来的值按倒序方式保存为321。如果对上述失去平衡的B-树索引使用REVERSE KEY INDEX，所保存的index为411、311、211、111……如果按这种倒序方式保存值，则不会按顺序保存到索引块中，而是分别保存到多个块中，因而避免出现B*树向一方倾斜的现象。

3.1.4 降序索引

默认情况下，生成的索引全部按升序生成。但通过索引搜索日期时非常不方便。日期的用途多种多样，但最常用于按最近日期进行查找。因此如果在按升序保存的索引中按最近日期进行查找，则会先搜索最久的日期，造成性能效率低下。因此生成索引时额外再输入DESC会以降序索引(DESCENDING INDEX)保存。按这种方法生成的索引中从较大值开始搜索时可减少ORDER BY操作，能够保证更为优秀的性能。生成script：

```
CREATE INDEX [index_name] ON [table_name(column DESC)];
```

3.1.5 IOT索引

在普通表中使用索引访问记录时执行两个过程，先以关键字值搜索索引获得ROWID，再通过 ROWID 读取表。而且关键字列将重复保存到索引和表中，如果关键字值太大则会浪费磁盘。为解决此问题设计了 IOT(index organized table)索引。IOT 因为已在索引中添加了表结构，读取索引便能完成所有操作。无须在表中读取与关键字值对应的记录，数据重复的问题也随之解决。IOT 表面上来看是表，实际上是以主关键字(primary key)为根据的索引，需要将主关键字作为前提条件使用。生成 IOT 后索引和表在相同的存储结构中创建，执行 SQL 语句后无条件通过 IOT 索引搜索数据，可以快速搜索数据且使用较少的存储空间。

IOT 具有以下特征：

(1) IOT 的结构设置为将表数据加载到 primary key 的 B * 树 index。

(2) IOT 的索引行包含索引关键字值和 non-key 值。

(3) IOT 的索引中没有 ROWID 信息。(因为可同时读取相应列的值)

IOT 具有以下优点：

(1) 执行范围搜索、同等搜索时与普通表相比可更快速进行 KEY-BASED ACCESS。

(2) 全表扫描时会对 primary key 执行 FULL INDEX SCAN，因此会自动执行排序操作。

(3) 避免 INDEX KEY COLUMN 和 ROWID 出现 STORAGE 重复的情况，可节省存储空间。

普通表和 IOT 表的差别主要有以下几点：

(1) 普通表以 ROWID 区分行，IOT 以 PK 区分行。

(2) 普通表的 FULL SCAN 无法预测行的 RETURN 顺序，但 IOT 根据 PK 值的顺序输出。

(3) IOT 无法设置 unique 限制条件。

(4) IOT 无法使用簇。

(5) IOT 比普通表节省存储空间。

(6) IOT 必须生成 primary key。

(7) IOT 的 SECONDARY 索引通过 primary key 值和以该值为依据的"universal rowid"，即 Urowid* 创建索引(与普通索引不同，IOT 未包含物理 ROWID 信息，而是包含逻辑通用 ROWID(UROWID)，可快速搜索)。

3.1.6 基于函数的索引

如果是经常使用函数的用户，能否将使用函数的列用作索引？当然可能。但是，Oracle 8i 以上版本才可使用该功能。在 Oracle 8i 之前的版本中对 WHERE 子句使用函数时无法使用索引。使用基于函数的索引(FUNCTION BASED INDEX)之前应先设置环境(使用 Oracle 10g 以上版本的用户不执行此环境设置操作也无妨，至少使用基于函数的索引环境

---

* UROWID(universal rowid)：指索引组织表(IOT)行的逻辑位置。

为默认设置)。

如在 Orange DB Info 工具中，将 System Parameter 选项卡的 query_rewrite_enabled 值变更为 TRUE，将该值下面的 query_rewrite_integrity 值变更为 TRUSTED，如图 3－2 所示。

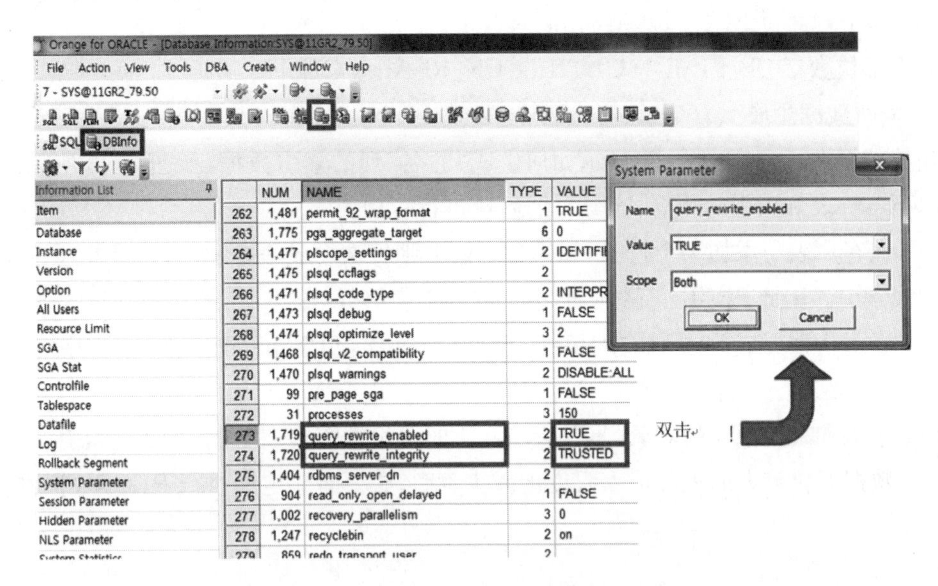

图 3－2　在 Database Information 中查找和修改 System Parameter 值

生成 Script：

```
CREATE INDEX [INDEX_NAME] ON [TALBE_NAME(FUNCTION_NAME(CONTENTS))];
CREATE INDEX TEST_INDEX_NVL ON EMP(NVL(SAL, 0));
```

前文已介绍了各个不同性质的索引种类，再详细介绍一下索引和表访问的关系。

3.2　了解索引和表访问

扫描索引和访问表时 DATA FILE 和 DB BUFFER 之间的 I/O 单位为 1 BLOCK。因此，扫描索引时以“读取多少 BLOCK”直接确定“执行几次 I/O”，以此确定执行速度。但 TABLE FULL SCAN 时 DATA FILE 和 DB BUFFER 之间的 I/O 单位作为 DB_FILE_MULTIBLOCK_READ_COUNT 参数值，可读取全表。因此，执行速度根据全表的块数决定。

(1) 1 个行通过 UNIQUE INDEX 访问表时 I/O：

ROOT BLOCK＋BRANCH BLOCK＋LEAF BLOCK＋TABLE 1 BLOCK＝4 I/O

(2) 多个行通过 UNIQUE INDEX 访问表时 I/O：

ROOT BLOCK＋BRANCH BLOCK＋LEAF BLOCK n 个＋TABLE BLOCK n 个＝?

I/O

(3) 1 个行通过 FULL SCAN 访问表时 I/O：

表全部块数 / DB_FILE_MULTIBLOCK_READ_COUNT

(4) 多个行通过 FULL SCAN 访问表时 I/O：

表全部块数 / DB_FILE_MULTIBLOCK_READ_COUNT

1) 索引数据生成

随着数据在客户表中生成，显示如何生成“姓名”列的索引数据，如图 3－3 所示。应先了解以下各种表和索引的概念，充分考虑后再进行管理。

(1) 在客户表中添加一个行时，如果含有姓名则每次生成一个索引；如果姓名为 null 则不会生成索引。因此，索引的行数始终小于或等于表的行数。

(2) 索引将根据成为索引的列值按升序进行创建，包含 binary tree 结构中已转换的 balanced tree 结构。

(3) 索引和表是独立的对象，事务影响不大时可根据需要随时删除、变更索引。

(4) 数据变化较大的表应最大限度地减少索引，必要时应定期执行 REORG 操作。

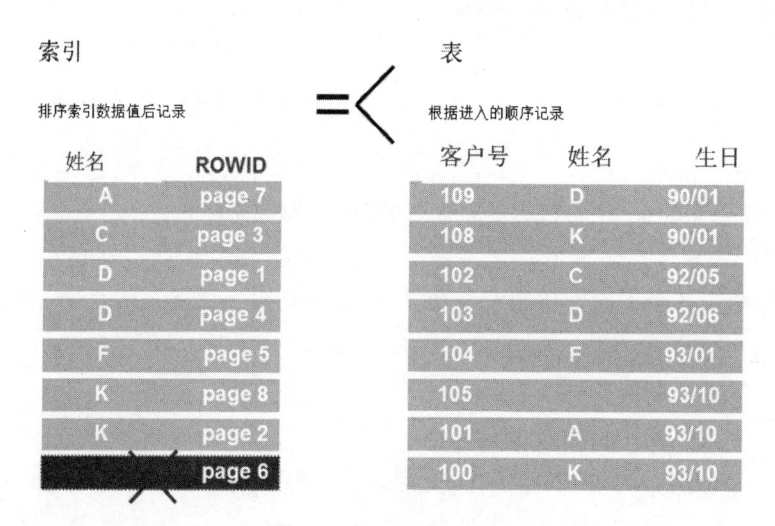

图 3－3 索引数据生成

注意：Orange 还包含 Online Reorg Edition。作为对象 Oracle DBMS 的 Online Reorg 正在运行时也可对 DBMS 内的多个对象进行 REORG，应用程序的停机时间为非应用业务而设计。因此适用于 24 h 持续进行的 E-Business 业务数据库操作系统。REORG 操作可起到的效果包括：通过重新排列数据库内的表空间、表、索引等最小化 I/O 需求；快速服务响应各个 QUERY 和 BATCH JOB、APPLICATION SERVER 的操作请求；增加了可用存储空间，事先阻止因空间(space)不足产生错误并恢复浪费的磁盘空间，提高数据库的性能和减少停机时间影响等。

(5) 为优化查找几乎未变更数据的表而添加索引时，无须限制。

(6) 索引的生成 Script：CREATE (UNIQUE) INDEX [*INDEX_NAME*] ON CUSTOMER (NAME)；索引中包含相应表的行位置相关信息(ROWID)，表的行位置变化时会变更该位置。因此，对于因表的物理存储位置变更操作或批量操作时而受到影响的索引，最好对其进行 DROP＋RECREATE。

2) 表访问(无索引时)

使用查找条件的列未包含索引时无法应用索引，需要查找整个表，一般称为 FULL-TABLE SCAN。扫描整个表时，就算中途找到满足条件的数据，剩余部分中还可能有满足条件的数据，所以结果还是要读取整个表。执行此类 FULL SCAN 时，表的大小(block 数)会影响速度。

(1) physical I/O 数：表块数 / DB_FILE_MULTIBLOCK_READ_COUNT。

(2) FULL-TABLE SCAN 时表块将根据 LRU 算法(需要最近使用最少的内存空间时最先使用的算法)记录为 least block。因此引起 physical I/O 的可能性始终很高，是降低 DB buffer hit ratio 的因素，从整体上看会成为降低性能的要素。为解决此问题，可对表设置 CACHE option 或使表位于 DB BUFFER 的 KEEP 区域。

(3) 对表进行 FULL SCAN 时，访问路径在执行计划中将按以下方式表示：

TABLE ACCESS (FULL) OF'CUSTOMER'。

3) 表访问(有索引时)

如果用于查找条件的列已生成为索引，并且判断应用该索引时更快，则会通过扫描索引访问表。索引扫描中如果遇到不满足条件的数据，则会判断剩余部分也没有满足条件的数据，将停止扫描。在索引扫描时，索引扫描的访问范围会影响速度。

(1) Physical I/O 数：索引扫描块数(root＋branch＋leaf)＋表扫描块数。

(2) INDEX SCAN 时表块将根据 LRU 算法记录为 recently block。因此引起 physical I/O 的可能性始终很低，且再次使用的可能性较高，是提高 DB buffer hit ratio 的因素。

(3) 访问路径按以下方式表示：

```
TABLE ACCESS (BY INDEX ROWID) OF'CUSTOMER'
INDEX (RANGE SCAN) OF'I_CUSTOMER_NAME'(NONUNIQUE)
```

作为参考，如果索引是 NONUNIQUE，为输出准确的查找值必须始终确认不满足条件的数据，因此需要多访问一个超出有效范围的行。

3.3 设计索引时的注意事项

设计索引时应注意以下事项：

1）对大容量表应用索引

根据 DB_BLOCK_SIZE 参数值确定大容量表的标准(参数值在 init. ora 中定义)。“表的大小超过 6 块时请使用索引。”这种说法较为常见。这句话表示 DB_BLOCK_SIZE 参数值为 8 K(8 192 byte)时,大小超过 49,152 byte(=48 K=8 K * 6 块)的表称为大容量表,此处建议应用索引。那为何对容量小的表不适合设置索引？那是由于对较小的表使用索引时,性能可能比全表扫描方式差。全表扫描时,根据 DB_FILE_MULTIBLOCK_READ_COUNT 参数中定义的值决定可读表块。因此扫描容量小的表时,与逐个值比较的索引相比,一次读取多个块的全表扫描能实现更好的性能。在 Orange 中,不进行特定查询查找就能在 [Database Information]—[System Parameter] 中查找并修改参数值。图 3-4 所示为在 Database Information 中查找 db_file_multiblock_read_count。

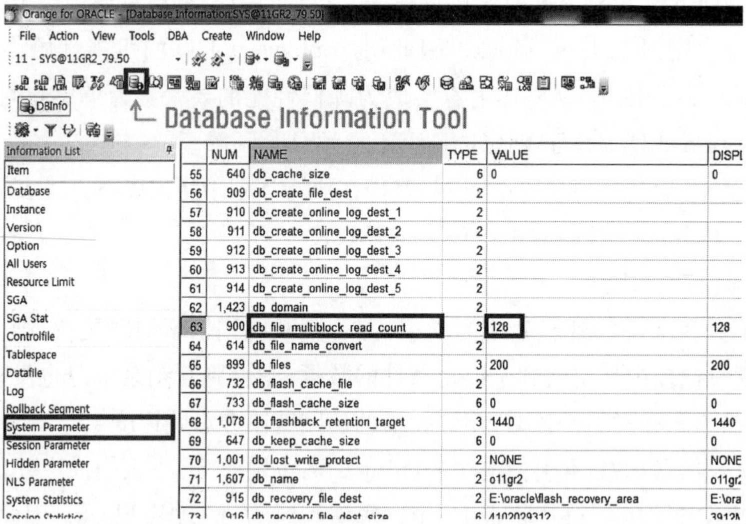

图 3-4　在 Database Information 中查找 db_file_multiblock_read_count

2）满足条件值的选择度在 10%~15%以下时生成索引可以保证最佳性能

在学习这部分内容之前,有必要对选择度进行更为深刻的了解。相信大家一定都有这样的体验：我们在学习数据库时,常常因为“选择度”这个概念造成诸多混淆。我们自以为对选择度的概念非常了解,但通过广泛阅读数据库相关书籍,我们发现选择度的好坏不仅可以用好、坏来描述,还可以用宽、窄来描述。并通过该表达方式从索引选择中排除选择度不良的列。这是因为存在多种情况。下面介绍通过多种方式使用的选择度：

(1) 选择度不良=值较大=范围广。这三种方法所表达的意思相同。可将性别作为选择度不良时的典型例子,因为性别非男即女,至少有 50%以上的高选择度值,因此选择度不良。

(2) 选择度良好=值较小=范围窄；这三种方法所表达的意思相同。选择度良好的典型例子为人名最前面的姓氏中福的姓,其选择度非常好。前 100 个姓氏总人口占全国人口的 84.77%,但福姓却不到 1‰。每个人学习数据库的方法各不相同,但笔者认为最好的方法就是在脑海中或在草稿纸上画出表格，一步一步按数据处理过程执行，这是最容易理解的方法之一。无法理解书中的字面意思时该方法非常有效。

3）最新的 DBMS 提供多种索引类型，要在适时适宜的地方使用最适合的索引

最新的 DBMS 提供多种类型的索引。默认情况下提供 B＊树索引、倒序索引、降序、基于函数、IOT、BITMAP、组合索引等不同性质的索引，用户应学习多种索引类型，在适时适宜的地方有效使用索引。本文后续将详细介绍各种索引种类。

4）即便选择度不良，要进行部分范围处理时也可使用索引

表的数据分布非常多样化，包括列值的选择度非常好的表、列中某些值的选择度良好的表、某些值的选择度太差的表等。要使用索引的列值选择度良好时并不受影响，但选择度良好条件和不良条件同时存在的情况时，为性能考虑最好使用索引。在这种情况下，对选择度良好的列使用索引，对选择度不良的列使用全表扫描，从而确定执行计划。因此，用户直接确定执行计划时可使用 HINT 子句。

5）生成索引时应充分考虑物理存储空间

生成表空间时要考虑物理大小。其原因多种多样，但其中一个原因是生成索引时会重新生成索引表，因而需要不少存储空间。使用索引的确会使性能良好，但随意使用太多索引则会浪费存储空间，可能出现要重新设计表空间的情况。因此，使用索引时应始终充分全面地考虑后慎重进行。例如：

Orange DB Tool — Tip <Plan Tool>

Plan Tool：将通过 SQL Monitor 或 Session Monitor、Lock Monitor 提取的 SQL 传输到 Plan Tool 进行调优操作。Plan Tool 具有查看执行计划、查看模式信息、执行跟踪(Trace)、执行 SQL 等功能。Plan Tool 为视觉效果提供对输入的 SQL 执行 FORMATTING 的功能，同样以树形显示执行计划，对于复杂的执行计划，可对树 Expand/Collapse 并进行调整，或使用竖向显示方式以方便了解整个步骤。此外，仅通过双击执行计划的各个步骤，便可在弹出窗口中立即查看与该步骤相关的对象信息和统计信息，而且能在独立选项卡上一次查找与整个 SQL 语句相关的所有对象信息。(笔者认为每次调优 SQL 时要一一使用脚本确认相关索引和数据数、列分布等信息非常麻烦，但在 Orange 中仅通过双击就能查看这些信息，可以方便快速地进行操作。)Plan Tool 如图 3-5、图 3-6 所示。

Plan Tool 最大的优点是可以实时执行跟踪和格式化，仅通过单击操作便能对相应会话设置跟踪操作，然后执行 SQL，再从服务器提取跟踪文件并格式化为 TKPROF 等格式后显示。此外，可以从 1、4、8、12 中选择跟踪级别并执行。最后，Plan Tool 的重要功能之一是能以独立的选项卡区分原始 SQL 和调优 SQL，操作时可以比较各个执行计划、模式信息、跟踪结果等，再将所有调优操作结果进行保存，日后进行提取便可查找开始操作时的执行计划、统计信息和对象的现状等全部信息，对实际操作非常有效。以下是查看 Plan Tool 的跟踪和脚本信息的画面。

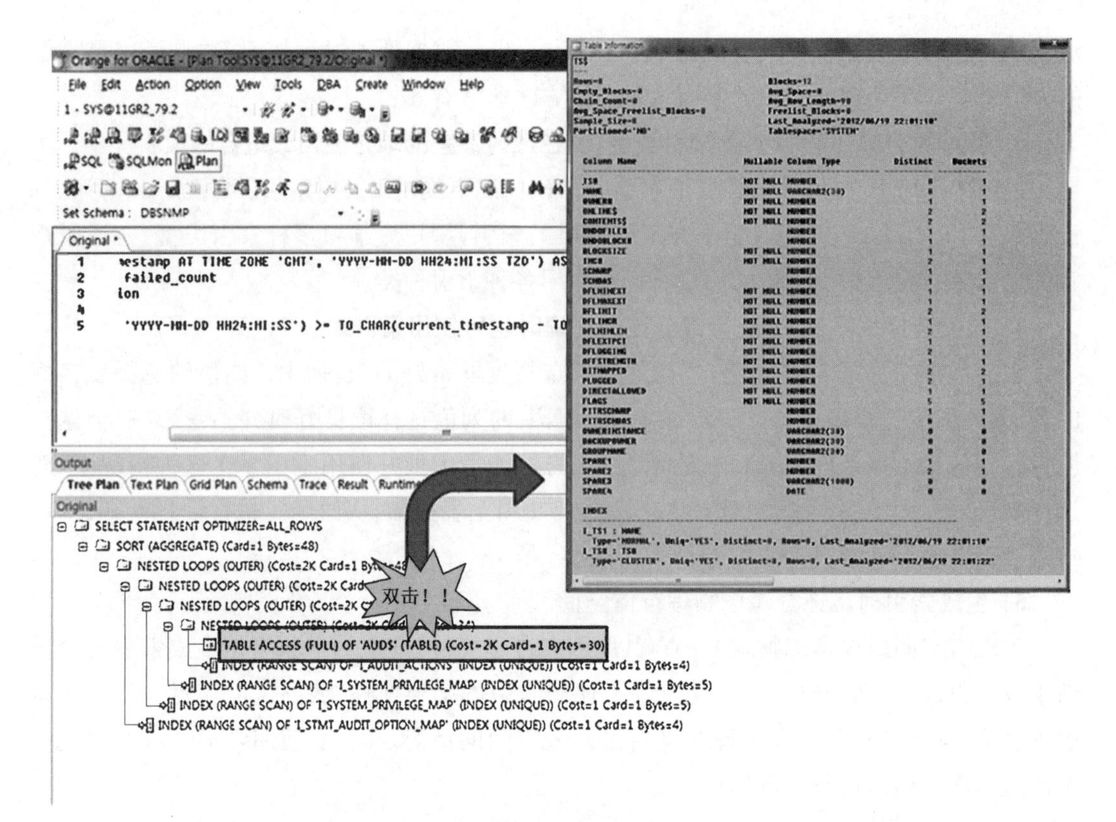

图 3-5 Plan Tool(一)

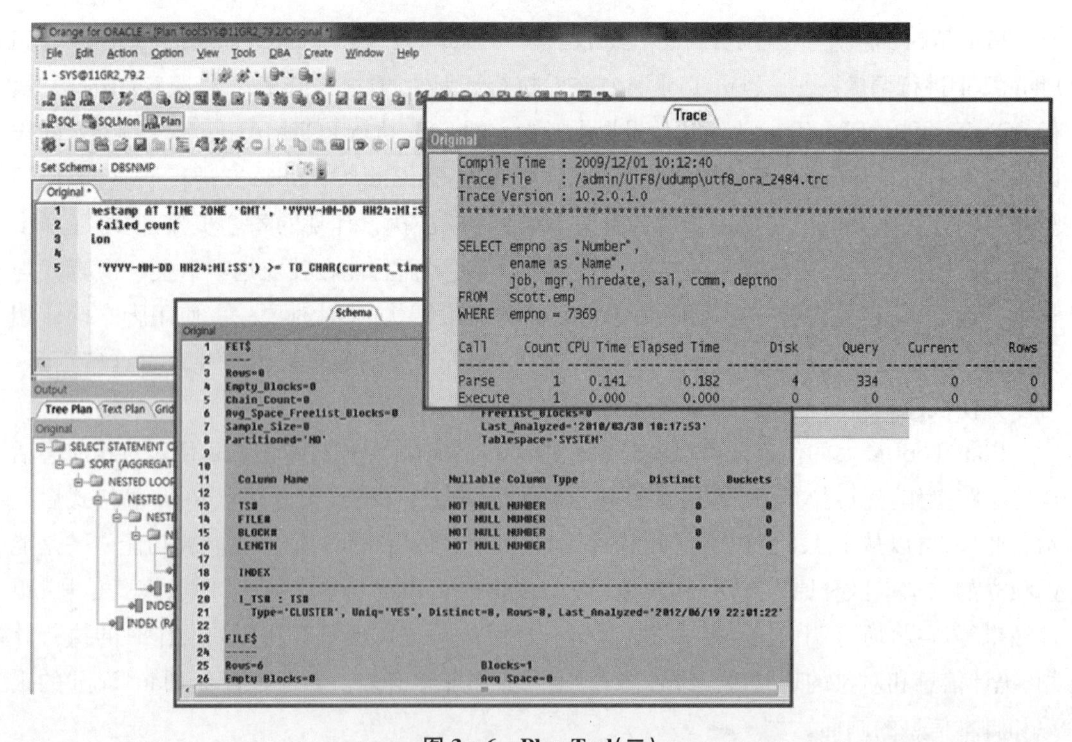

图 3-6 Plan Tool(二)

3.4 索引的正确使用

在前文中，已介绍了索引的种类和设计时的注意事项等与索引相关的许多内容。目前为止主要介绍了索引的概念，现在开始介绍哪种情况要使用索引。为正确使用索引，应熟练掌握以下五个内容：

(1) 理解索引和表的大小、访问范围对性能的影响，熟练掌握相关索引的正确使用方法。

(2) 熟练掌握无法使用索引时判断不能使用索引的原因并解决问题的方法。

(3) 了解组合索引的使用标准和使用方案。

(4) 了解访问数据时决定数据范围的条件和过滤数据的条件分别用在哪个步骤。

(5) 了解索引变化情况，并按数据类型了解避免该问题的方案。

由前文已知，使用索引有一定的标准。当然现场可能会出现不可预知的变数，但大部分情况下，使用索引时考虑该标准可确保良好的性能。

索引对象列是指经常出现在条件语句的列。经常出现在多个条件语句的列可判断为使用较频繁，所以会成为生成索引的对象。即便实际只出现在一个条件语句中，如果频繁地使用该 SQL 语句，也会成为生成索引的对象。选择索引对象应注意以下问题：

(1) 在索引扫描中最重要的是数据扫描范围。如果将选择度不良的列用做索引，要扫描的范围会变得非常大。因此要将扫描范围变窄，需要将选择度良好的列选为生成索引的对象。

(2) 连接条件中没有索引时连接方法变更，可能会产生大量 I/O。JOIN 技术中会学习到，若不使用索引进行连接，将进行 SORT MERGE JOIN 而造成性能不良。因此，应考虑对参与连接条件的大部分列使用索引。

使用索引造成损失时的情形有以下几种：

(1) 对于数据较少的表(16 Block 以内)，数据少到能够一次性使用 I/O 扫描整个表的程度时，或者列中有较多相同值时，FULL-TABLE SCAN 更为有效。但对于 OLTP* 系统，考虑 DB BUFFER 的 hit ratio 时最好引导为索引扫描。

(2) 与查找相比 DML 的负担更大时，执行较多 DML 语句时若使用索引则会成为降低系统性能的原因。对查找时获得的性能提高和 DML 时性能下降的损益分歧点进行分析，考虑是否生成索引。

---

* OLTP(Online Transaction Processing)是通常在银行、航空公司、邮购、超市、制造商等许多产业体系中可轻松管理如数据输入或交易查询等面向事务处理的业务的程序。

3.5 组合索引

现场直接使用索引时会发现相比单个索引，使用组合索引的情况更多。这是由于使用组合索引时性能更好。例如，在全国查找叫“王建国”的人，相比只使用名字，先通过性别确认男女缩小范围，在缩小的范围内查找名为“王建国”的人更为快速有效。同样，组合索引(composite index)指由两个以上的列构成的索引，索引行按索引构成列的顺序进行排序和保存。如果在相同SQL语句中始终同时用于WHERE子句的列由组合索引构成，性能可能会变好。

生成Script：

```
CREATE INDEX [INDEX NAME] ON [TABLE NAME(COLUMN1, COLUMN2 ...)];
```

3.5.1 组合索引的列顺序

到目前为止，生成索引时只使用一个列。但在实际情况中，相比使用一个列生成索引，使用两个以上的列创建组合索引的情况更多。但对于由多个列构成的组合索引，如果第一个列未用在WHERE子句中则不会使用索引。此外，未使用前导列或用于LIKE、BETWEEN等范围条件时，该列后面的列的条件在扫描索引时无法缩小访问范围，而是仅用作CHECK条件，进行低效访问的可能性较高。因此，组合索引的前导列选择和列构成顺序对索引的效率有很重要的影响，要慎重决定。组合索引中含有全部所需的数据时，仅扫描索引便可得到满意的结果，因此不会执行表扫描。

INDEX FAST FULL SCAN

若是要查找的列都在索引中，而且满足条件的对象范围较大时，则不会执行全表扫描，只执行INDEX FULL SCAN。INDEX FULL SCAN是通过对比TABLE大小更小的索引执行Multi Block Read，以最小化I/O并改善响应速度的方法，HINT的使用例子如下：

```
SELECT /* + INDEX_FFS (A I_customer_name) * /姓名、生日
FROM 客户表 A
WHERE 生日 > '90/12';
```

3.5.2 组合索引的使用标准

大部分索引由一个列生成，而组合索引则是由多个列构成，因此组合索引非常重要。但时常会出现将毫无意义的列用作索引使索引变得复杂、因错误地设置列顺序使多个列重

复导致响应速度降低的情况。组合索引的使用标准如下：

（1）经常同时出现在条件语句中时。

（2）仅访问索引便可以获得结果时。

（3）组合索引的列顺序。

（4）从频繁使用的列开始。

（5）从可以缩小扫描范围的列开始。

（6）从经常使用的列开始。

如果要使组合索引的第二个列后的列起到缩小范围的作用，必须对前面的列使用＝、IN等。如果大部分情况下无法如此，则应从该索引中排除该列。

3.6 扫描范围的决策条件和验证条件

如果已确定SQL的执行计划，需要清楚了解扫描某个对象时与何条件相关联。以下例子将对由客户姓名＋生日生成的索引进行范围扫描，并使用ROWID访问客户表。使用索引如图3－7所示。

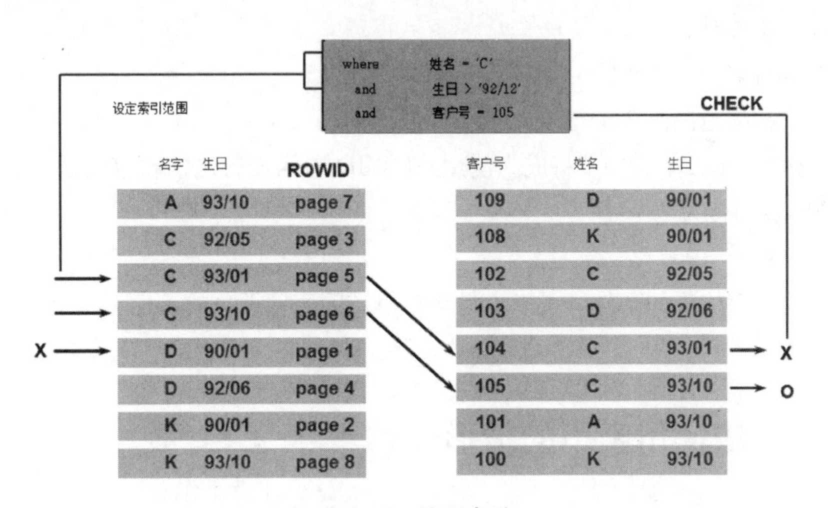

图3－7 使用索引

例如想知道"WHERE 姓名＝'C' AND 生日 ＞ '92/12' AND 客户号＝105"条件语句的各个条件用于哪个步骤，决定索引扫描范围的是：

WHERE 姓名＝'C' AND 生日 ＞ '92/12'

此时索引扫描范围为2个行，并使用ROWID访问2个表行。

"AND 客户号＝105"是访问表后检查(Check)的条件，所以可以说是与整体访问速度无关的条件。

姓名＋生日的索引范围是 2 个行，但如果使用客户号设置索引，则设置范围为一个行。这时范围缩小，响应速度也随之得到改善。

使用 LIKE 比较索引中的列时若常数值为％、_ 等通配符（图 3－8），则无法缩小索引的范围。因此即便有索引也等于没有使用。

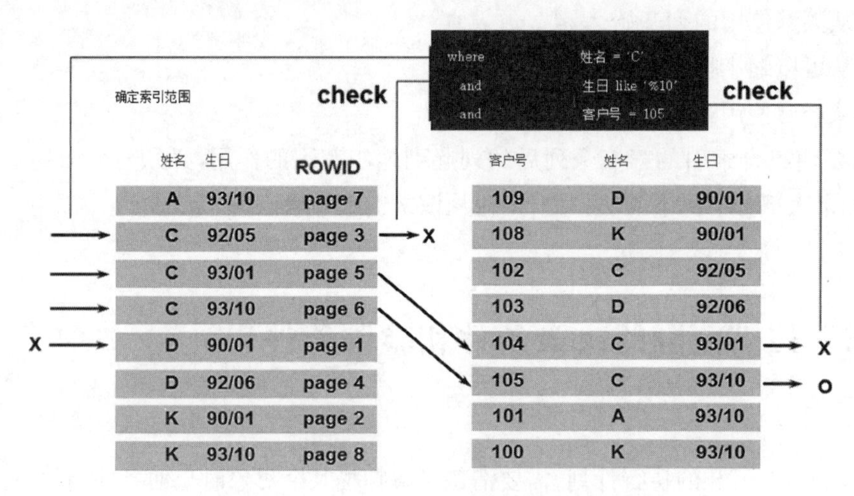

图 3－8　使用 LIKE 和通配符时的索引扫描

如“WHERE 姓名＝‘C’ AND 生日 LIKE ‘％10’ AND 客户号＝105”条件语句决定索引扫描范围的条件是：

WHERE 姓名＝‘C’

此时索引扫描范围为 3 个行。

“AND 生日 LIKE ‘％10’”将成为使用 ROWID 访问表行之前检查的条件。因此使用 ROWID 访问表的行为 2 个。

AND 客户号＝105

这是访问表后检查的条件。可以说是与整体访问速度无关的条件。

3.7　无法使用索引的情形

为改善查找速度，即使生成索引，条件语句的相应列也会转换，或根据比较方法等出现无法使用索引的情况。因此要熟练掌握哪种情况不使用索引，了解如何创建 SQL 才能避免这种情况。以下几种情形不使用索引：

1）索引列发生转换后

对条件列使用函数时会判断索引列已发生转换，优化器会排除使用索引。因此最好排除使用函数并重新创建 SQL。有时会通过该方法引导使用特定索引，或因约束情况有目的的地进行转换。

2）以不定形式描述条件时

条件中包含<、>、Not 等不定形式的条件时不使用该列的索引。

3）比较 NULL 时

列值为 NULL 时不会创建索引，因此 IS NULL、IS NOT NULL 不会使用索引。

4）内部发生转换时

IMPLICIT（data type conversion）：条件语句两边的数据类型不一致时，为使数据类型一致优化器将对列应用函数，此时会将其视作内部转换而无法使用索引列。

5）基于优化器的判断（cost-cased optimizer，CCO）

即使条件的列中含有索引且未出现转换，若优化器计算 COST 后判断不使用该索引更有利则不会使用索引。

3.8 索引列的转换

以下例子是对 department 表执行 Full Scan 时，其索引为 max_salary，如图 3-9 所示。

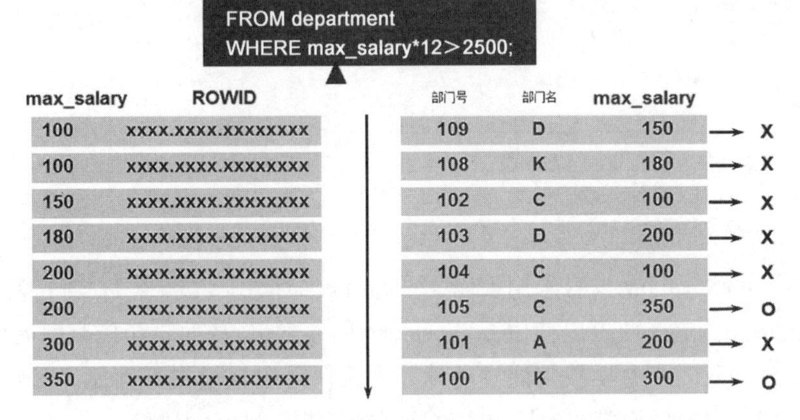

图 3-9 对 DEPARTMENT 表执行 FULL SCAN 时

以下 SQL 是提取年薪超过 2500 的员工的语句。

```
SELECT …
FROM department
WHERE max_salary * 12 > 2500;

Execution Plan
-----------------------------------------------
0 SELECT STATEMENT Optimizer = CHOOSE
```

```
1 TABLE ACCESS (FULL) OF 'DEPARTMENT'
```

max_salary 列是索引，因此预期会扫描索引。但优化器将索引列的'* 12'运算识别成列值转换，因而不使用该列的索引并对表执行 FULL SCAN。若必须执行运算时，按以下方式修改 sql 语句便能使用索引。图 3-10 所示为对 DEPARTMENT 表执行索引扫描。

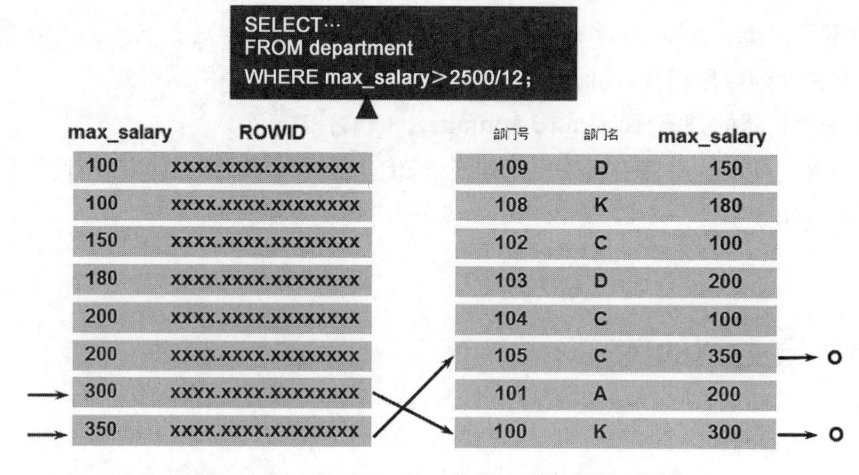

图 3-10 对 DEPARTMENT 表执行索引扫描

```
SELECT …
FROM department
WHERE max_salary > 2500 /12;

Execution Plan
-----------------------------------------------------
0 SELECT STATEMENT Optimizer = CHOOSE
1   TABLE ACCESS (BY INDEX ROWID) OF 'DEPARTMENT'
2          INDEX (RANGE SCAN) OF 'I_MAX_SALARY' (NON-UNIQUE)
```

如上所示，max_salary 没有采用乘以 12 的算法，而采用 2 500 除以 12 的算法，两者得到的结果是一样的，这样便可以使用 max_salary 创建索引，从而将扫描范围最小化。就像这样，只需要使用我们在中学数学课堂的计算方法便可以轻松提高性能。因此，尽管调优具有专业性，但仅通过转换模式的简单方法同样能够获得显著的效果。

3.9 不定形式条件

图 3-11 所示为对 Employee_TEMP 表执行 Full Scan。

提取部门号不是'100'的员工信息的 SQL，如下：

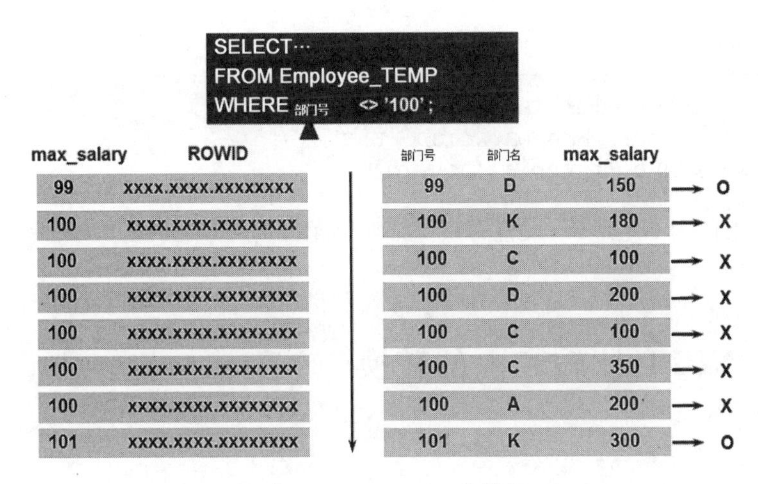

图 3-11 对 Employee_TEMP 表执行 Full Scan

```
SELECT…
FROM Employee_TEMP
WHERE   部门号 <> '100';

Execution Plan
----------------------------------------
0 SELECT STATEMENT Optimizer = CHOOSE
1 TABLE ACCESS (FULL) OF 'EMPLOYEE_TEMP'
```

Employee_TEMP 表的部门号列中有索引且部门号不是'100'的员工几乎没有时，如果以不定形式描述部门号条件则无法使用索引，将会执行 FULL-TABLE SCAN。

如果使用不等号转换不定形式，可能会变为使用索引的执行计划。仅可在少数员工的部门号不是'100'时使用。图 3-12 所示为对 Employee_TEMP 表执行索引扫描。

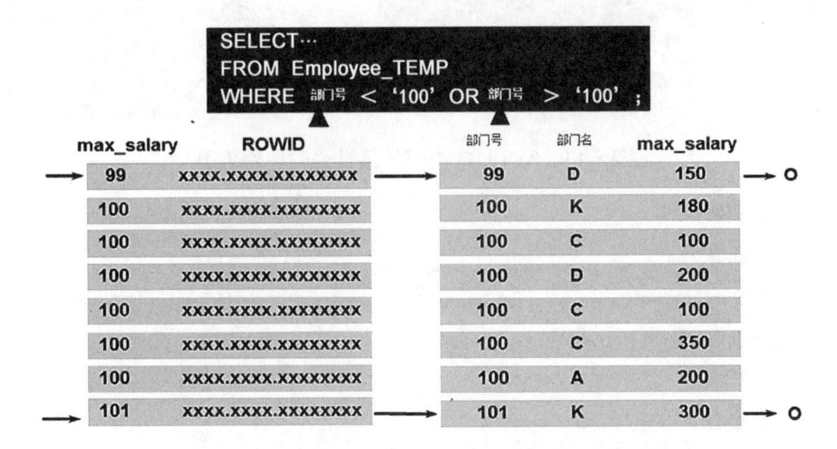

图 3-12 对 Employee_TEMP 表执行索引扫描

```
SELECT …
FROM Employee_TEMP
WHERE 部门号 < '100' OR 部门号 > '100';
```

```
Execution Plan
----------------------------------------------------------
0 SELECT STATEMENT Optimizer = CHOOSE
1 TABLE ACCESS (BY INDEX ROWID) OF 'EMPLOYEE_TEMP'
2 INDEX (RANGE SCAN) OF 'I_DEPTNO' (NON-UNIQUE)
```

如上所述不使用不定形式,设置为仅扫描所需范围时可以使用索引。

3.10 NULL 比较和内部转换

在条件语句中使用 Null 比较时无法使用索引。若还是要使用索引,如图 3 - 13 所示为了避免使用 Null 进行比较,可转换并创建 SQL。数据类型一致时,如图 3 - 14 所示。

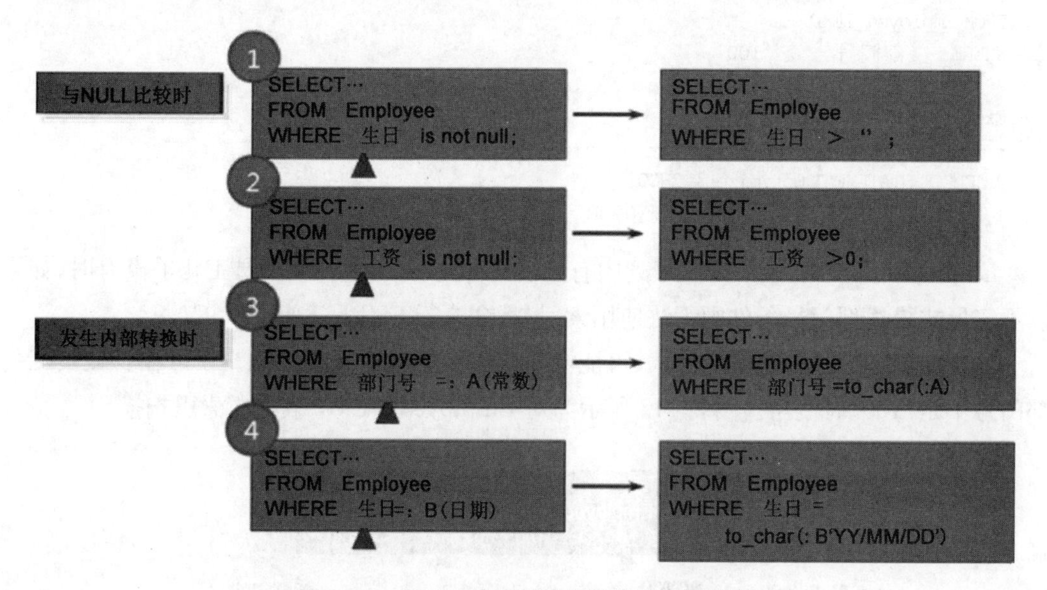

图 3 - 13 NULL 或内部转换发生时使用索引

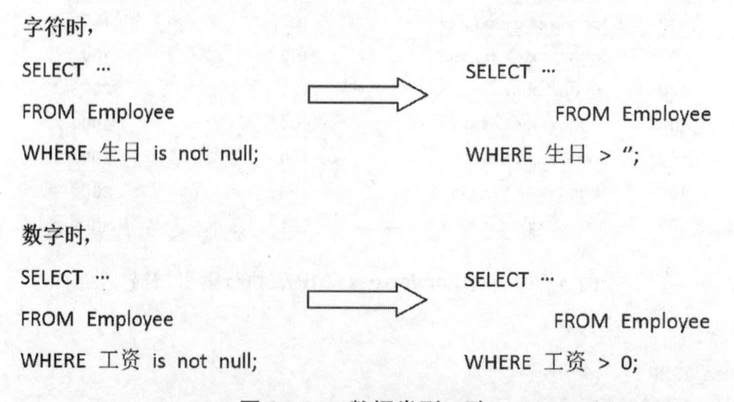

图 3 - 14 数据类型一致

条件语句中的数据类型不一致时，为使数据类型一致，优化器将对列使用函数。该操作即为内部转换，内部转换始终在字符数据类型中发生。因此，为避免发生内部转换，创建SQL时要使数据类型一致，如图3-15所示。

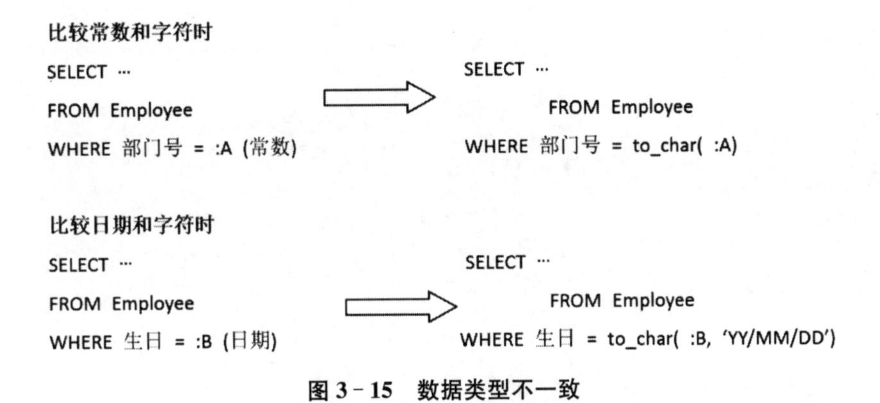

图3-15 数据类型不一致

第4章

连接的种类和顺序

调优时会遇到很多与索引相关的性能问题，因表和表之间的关系导致性能下降的情况也非常多。通过逻辑组合 2 个以上的表推导所需数据的方法即为连接。连接是非常有效的方法，但若错误地使用则会严重降低性能，因此应充分理解后再学习后面内容。

在本章节中，将重点放在这两点上来介绍连接。

(1) 理解优化器根据连接条件确定连接表的顺序和方法的方式。

(2) 理解响应速度根据连接方法和顺序造成工作量的不同而变化的情况。

1) 连接和子查询的差别

(1) 连接(JOIN)：用户所需的数据在 2 个以上的表中时，通过连接各个表的特定列值相同的表来提取数据的方法。

(2) 子查询(SUBQUERY)：将当前数据与子查询结果数据进行比较，用于过滤所需对象(简而言之，查询语句中还有一个以上的查询语句)。

2) 连接方法

(1) 物理分类：NESTED LOOP JOIN；SORT MERGE JOIN；HASH JOIN；STAR JOIN。

(2) 逻辑分类：NORMAL JOIN (EQUAL JOIN)；OUTER JOIN；SEMI JOIN；ANTI JOIN；CARTESIAN JOIN。

对象表的连接顺序和方法不同是为了加快访问速度。因此即使变更连接方法和顺序，结果值也不能有任何变化。

3) 连接速度

连接速度与工作量(SCAN 数)成反比，工作量根据连接顺序和方法变化。始终最先读取具备执行最少扫描条件的表。如果所有条件连接相同的表，会将 FROM 子句最右侧的表定为 driving 表*，并将左侧定为驱动顺序。连接时表的驱动顺序是性能中的重要组成部分。

4) 优化器的连接选择

对于参与连接条件语句的列，索引位置对优化器决定执行计划时的连接顺序和方法有很大影响。

(1) 外部连接(OUTER JOIN)：连接顺序按没有(+)的表到有(+)的表的顺序进行；否则，执行结果将不同。

(2) 连接列只有一侧有索引时，连接顺序按没有索引的表到有索引的表的顺序进行；否则，连接时会出现 FULL SCAN，可能会导致过多的 I/O。

---

* driving 表(驱动表)：指 Join 对象表中先扫描的表，也称为 outer 表。inner table(内部表)：指 JOIN 对象表中后面扫描的表。

(3) 连接列的两侧都有索引时，无法用连接条件判断连接顺序。因此，将剩余条件中具有最小化扫描范围条件的表用作 driving 表。在索引的同等条件下，unique、nonunique、单个索引、组合索引等也能成为比较对象。unique 索引的驱动优先级高于 nonunique，组合索引成为驱动表的优先级高于单个索引。如果在此步骤还是无法进行判断，优化器将从后（从最右侧开始）往前（向左侧）构成 FROM 子句的连接顺序。

(4) 连接列的两侧均无索引时，将 SORT MERGE JOIN 或 HASH JOIN 用作连接方法。HASH JOIN 是最小化 SORT MERGE JOIN 的 I/O 的算法。SORT MERGE JOIN 在连接中表现性能最差，因此尽量引导为 HASH JOIN。

在连接的表中确定 driving 表时索引有无非常重要。但请勿混淆，这时不是指表中存在的索引，而是指 WHERE 子句中使用的列是不是索引。

4.1　NESTED LOOP JOIN

NESTED LOOP JOIN 作为最基本的连接，反复执行逐一访问 driving 表的处理范围，并将提取的值与 inner 表进行连接。如在 OLTP 这种处理较少行的时候会展现出良好的性能。但若错误地使用，可能会严重降低性能，因此应准确理解其概念后再使用。

1) Nested Loop Join 的特征

(1) 根据最先访问的表（driving table）的处理范围决定处理量。因此要引导处理范围较小的表用作驱动表。

(2) 后面处理的表（inner table）会使用驱动表中处理的值进行访问。即由各自指定的常数值确定处理范围（常数值指在驱动表中处理的值）。

(3) 大部分采用随机访问方式处理。驱动表的索引访问中只有第一行是随机访问，其他均为扫描，与 inner table 的连接操作都是随机访问。

(4) 即使指定条件中的所有列均有索引，也不会全部使用。根据连接方向，所使用的索引可能完全不同。

(5) 执行连接操作时会使用具有链路作用的索引，因此链路状态非常重要。根据链路的索引存在与否，访问方向和执行速度千差万别。

(6) 执行连接操作后最后检查的条件进行部分范围处理时，条件的范围越广，甚至无条件时速度反而更快。

2) Nested Loop Join 的使用标准

(1) 进行部分范围处理时较为有效。

(2) 连接的某一方要接收对方表中提取的结果才能缩小处理范围时始终有效。

(3) 处理量较少时（处理量较大时也可进行部分范围处理时）较为有效。这时由于处理方式主要采用随机访问的方式，如果随机访问量较大，则执行速度理所当然会变差。

(4) 由于是按顺序处理，先访问哪个表对执行速度产生较大影响，因此应引导使用最佳访问顺序。

(5) 进行部分范围处理时数组大小对执行速度产生较大影响。数组越小则越快装满数组，但会对 Fetch 次数不利，因此具有两面性。

(6) 在驱动表中无法大量减少处理范围，或相连接的表的随机访问量太大时经常出现效果不如 Sort Merge Join 的情况。

3) NESTED LOOP JOIN 的执行方式

参考以下例子：

```
SELECT    a.col1, a.col2, b.col3
FROM     TAB1 a, TAB2 b
WHERE     a.PK = b.FK
  AND     a.col5 = '10'
  AND     b.col6 like 'AB%';
```

优化器对以上查询语句判断执行计划的过程如下：

```
执行计划>
Execution Plan
------------------------------------------------------------
  0    SELECT STATEMENT Optimizer = CHOOSE
  1      NESTED LOOPS
  2            TABLE ACCESS (BY INDEX ROWID) OF'TAB1'
  3                INDEX (RANGE SCAN) OF'I_TAB1_COL5'(NONUNIQUE)
  4            TABLE ACCESS (BY INDEX ROWID) OF'TAB2'
    5                INDEX (RANGE SCAN) OF'I_TAB2_FK'(NONUNIQUE)
```

4) 分析查询语句

(1) 连接条件的索引：a. PK=b. FK，两个列都存在索引(NONUNIQUE INDEX)。

(2) 剩余条件中最小化处理范围的条件：a. col5='10'。

(3) 连接顺序：tab1→tab2。

(4) 连接方法：nested loop join。

参考以下例子：

```
SELECT    a.col1, a.col2, b.col3
FROM     TAB1 a, TAB2  b
WHERE     a.PK = b.FK
  AND     a.col5 = '10'
  AND     b.col6 like 'AB%'
```

优化器对以上查询语句判断执行计划的过程如下：

```
执行计划>
Execution Plan
```

```
-----------------------------------------------------------
 0    SELECT STATEMENT Optimizer = CHOOSE
 1      NESTED LOOPS
 2            TABLE ACCESS (BY INDEX ROWID) OF'TAB2'
 3                INDEX (RANGE SCAN) OF'I_TAB2_COL6'(NONUNIQUE)
 4            TABLE ACCESS (BY INDEX ROWID) OF'TAB1'
5                 INDEX (UNIQUE SCAN) OF'I_TAB1_PK'(UNIQUE)
```

5) 条件语句分析

(1) 连接条件的索引：a. PK＝b. FK，对 TAB1 使用 UNIQUE 索引，对 TAB2 则使用 NONUNIQUE。

(2) 剩余条件中最小化扫描范围的条件：b. col6 LIKE ‘AB%’(从优先级角度可能认为包含 UNIQUE 索引的 TAB1 会成为 driving 表，但实际上缩小扫描范围的条件是 b. col6 LIKE ‘AB%’，因此 TAB2 成为 driving 表)。

(3) 连接顺序：tab2→tab1。

(4) 连接方法：NESTED LOOP JOIN。

4.2　SORT MERGE JOIN

SORT MERGE JOIN 指各自访问两侧表的处理范围后逐一扫描排序结果，同时使用连接条件进行合并(Merge)的方式。通过 SORT MERGE JOIN 引导调优的情况几乎不存在，但可能对减少 RANDOM ACCESS、大容量处理对象集有效。由前文可知，NESTED LOOP JOIN 访问大容量数据时会执行较多 RANDOM ACCESS，可能会降低性能，但 SORT MERGE JOIN 执行全表扫描时可执行 MULTI BLOCK I/O 和 SEQUENTIAL READ，可能会得到更好的性能。该方式最大的特征是不会接收对方的任何值，仅使用自己拥有的条件就可确定处理范围，因此可以减少随机访问的情况，但始终会执行全表扫描。以下将介绍 SORT MERGE JOIN 的其他特征以及能保证良好性能的情形。

1) 特征

(1) 同时进行处理。表访问各自的处理范围再进行排序。

(2) 各个表不会从其他表接收任何常数值。即仅由各自指定的常数值缩小范围。

(3) 无法执行部分范围处理，始终执行全范围处理。

(4) 主要以扫描方式处理。为缩小自身处理范围而使用索引时才为随机访问，合并操作为扫描方式。

(5) 就算指定条件中的所有列均有索引，也不会全部使用。具有链路作用的列完全不会使用索引。

(6) 与连接方向完全无关。

(7) 为缩小自身处理范围而使用的索引将选择最有利的一个索引。虽然其他条件无法使用索引，但能减少操作对象，因此有重要意义。

2) 使用标准

(1) 进行全范围处理时较为有效。

(2) 在对方表中不接收任何常数值就能缩小处理范围时较为有效。将接收常数值后处理(NESTED LOOP JOIN)范围的大小与缩小处理范围后处理(SORT MERGE JOIN)范围的大小进行比较时，若接收常数值后范围缩小约30%以上，SORT MERGE JOIN通常有效。但对部分范围处理则完全不同。在这种情况下，不要比较要处理的全部范围，为达到第一个数组大小而需要判断访问的范围。

(3) 主要处理量较大时(始终要进行全范围处理时)有效。这是由于处理方式主要采用扫描方式，因此可以减少大量随机访问。

(4) 这不会受到链路异常状态的影响，因此无须为链路生成索引。

(5) 如何缩小自身处理范围对执行速度产生很大的影响，因此更为有效地构成访问索引非常重要。

(6) 处理方式为全范围处理，因此数组大小不会影响执行速度。可用的数组越大则FETCH次数越少。当然，若数组过大则会对系统产生不良影响。

(7) 通常NESTED LOOP JOIN对待处理数据量较少的在线应用程序更为有效，因此请勿随意使用SORT MERGE JOIN。

(8) 优化器目标(Goal)为“ALL_ROWS”时，通过SORT MERGE JOIN确立执行计划的可能性较高，若要执行部分范围处理，应注意优化器目标的指定方式。

参考以下例子：

```
SELECT    a.col1, a.col2, b.col3
FROM    TAB1 a, TAB2 b
WHERE    a.PK = b.FK
  AND    a.col5 = '10' —(索引列)
  AND    b.col6 LIKE 'AB%' —(索引列)
```

优化器判断以上查询语句的执行计划的过程如下。

```
执行计划>
Execution Plan
-----------------------------------------------------------------------
  0    SELECT STATEMENT Optimizer = CHOOSE
  1      MERGE JOIN
  2          SORT JOIN
  3              TABLE ACCESS (BY INDEX ROWID) OF'TAB2'
  4                  INDEX (RANGE SCAN) OF'I_TAB2_COL6'(NONUNIQUE)
  5          SORT JOIN
  6              TABLE ACCESS (BY INDEX ROWID) OF'TAB1'
```

```
7                    INDEX (UNIQUE SCAN) OF'I_TAB1_COL5'(UNIQUE)
```

3）条件语句分析

（1）连接条件的索引：a. PK＝b. FK，两侧均不存在。

（2）连接顺序：tab2→tab1。

（3）连接方法：SORT MERGE JOIN（参数 HASH_JOIN_ENABLED 的值为 FALSE 时）。

4.3 HASH JOIN

HASH JOIN 是突出 SORT MERGE JOIN 优点并弥补其缺点的连接方法。该连接是对连接的对象表应用 HASH 函数进行合并的方法。其特征是不仅只使用 HASH JOIN，而且提供通过并行处理大容量数据的最佳解决方案。因此在处理大容量数据的 SQL 中，由 HASH JOIN 生成大部分执行计划时才能保证性能。但不建议在 OLTP 等状况下使用，因为 HASH JOIN 已为大容量处理进行优化，会占用大量系统资源。

1）特征

（1）先访问的表为 build input，后访问的表则为 probe input。

（2）进行大容量数据处理时可保证快速性能。

（3）不会受 JOIN 条件（链路）索引有无的影响。

（4）可最大限度地利用系统资源。

注意：调整 HASH_area_size* 参数值可进行并行处理，因此可最大限度地利用系统资源，保证良好的性能。

2）使用标准

由于链路使用 HASH Key，因此仅用于 EQUI-JOIN。

参考以下例子：

```
SELECT  a.col1,  a.col2, b.col3
FROM  TAB1  a,  TAB2  b
WHERE    a.PK = b.FK
  AND    a.col5 = '10' —(索引列)
  AND    b.col6  LIKE  'AB%' —(索引列)
```

优化器判断以上查询语句的执行计划的过程如下。

---

* HASH_area_size 是可以通过 HASH Table 的大小调整的参数，该值越大则磁盘 I/O 次数越少。但使用该参数值时各个系统的性能提高程度均不相同，因此应设置符合各个系统的值（但 Oracle 9i 以后的版本不建议修改该参数，建议用 PGA_AGGREGATE_TARGET 参数代替）。

```
执行计划>
Execution Plan
----------------------------------------------------------------------
  0     SELECT STATEMENT Optimizer = CHOOSE
  1       HASH JOIN
  2           TABLE ACCESS (BY INDEX ROWID) OF'TAB1'              ← HASHING TABLE
  3               INDEX (RANGE SCAN) OF'I_TAB1_COL5'(NONUNIQUE)
  4           TABLE ACCESS (BY INDEX ROWID) OF'TAB2'              ← PROBING TABLE
  5               INDEX (UNIQUE SCAN) OF'I_TAB2_COL6'(UNIQUE)
```

3) 条件语句分析

(1) 连接条件的索引：两侧均不存在。

(2) 连接方法：HASH JOIN(参数 HASH_JOIN_ENABLED 的值为 TRUE 时)。

在执行计划中成为 HASHING 对象的表始终在最前面，但如果是 OUTER JOIN 则完全相反。

第5章

部分范围处理

在本章节中将重点介绍以下事项：

(1) 理解全范围处理和部分范围处理。

(2) 思考将全范围处理的 SQL 引导为部分范围处理的多种方案。

(3) 通过多个例子体验部分范围处理的事例。

作为参考，本章中的例子比前面的例子难度大。范围处理本身是基于之前学习内容的应用部分。因此，为帮助读者理解，本章插入了许多示意图，也希望读者也能在学习过程中试着画出比本书中的图更好的图。这将对读者有很大帮助。

全范围处理会扫描驱动表中符合的所有条件后进行保存，最后总结性地显示在图上。此时导致全范围处理的要素为 ORDER BY、GROUP BY、SUM、MIN、MAX、FLOOR、TOP 等分组函数，还有在包含 UNION、MINUS、INTERSECT 等的查询中进行。除此之外，还可能因为 Application 等外部环境要素而不可避免地进行全范围处理。反之，部分范围处理是指某些 SQL 语句中为 WHERE 子句指定的条件不会进行全范围处理，而是只处理到数组大小(array size)并提取其结果，然后暂停操作，直到用户要求继续执行下一个操作。部分范围处理方式不会处理所有数据，只处理收到请求的一部分数据，可保证较快的执行速度。

5.1 部分范围处理

全范围处理和部分范围(Partial Range Scan)处理如图 5-1 所示。

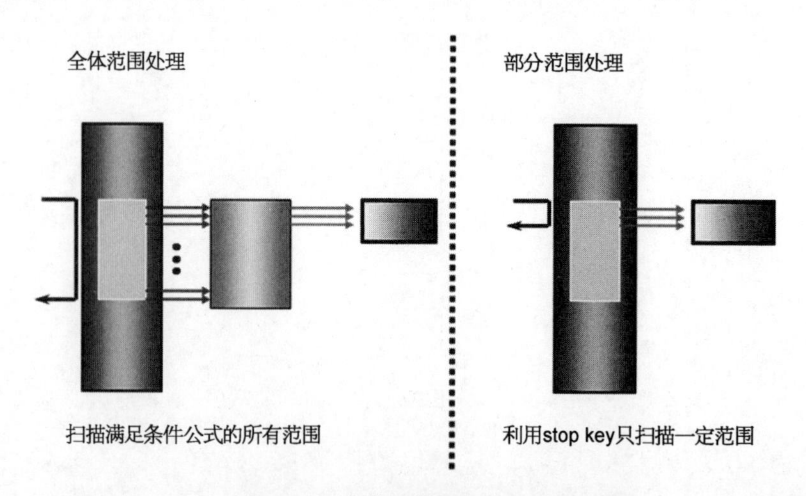

图 5-1 全范围处理和部分范围处理

5.1.1 部分范围处理和全范围处理的定义

1）全范围处理(FULL RANGE SCAN)

指符合 SQL 条件公式的范围，SQL 的处理速度通常指处理全部范围的速度。

2）部分范围处理(PARTIAL RANGE SCAN)

在符合 SQL 条件公式的范围内，只扫描一定范围时，主要用于提取 OLTP 画面中显示的行的情况。不读取全部范围也能显示初始画面，因此用户可体验更快的响应速度。图 5-2 所示为部分范围处理的例子。

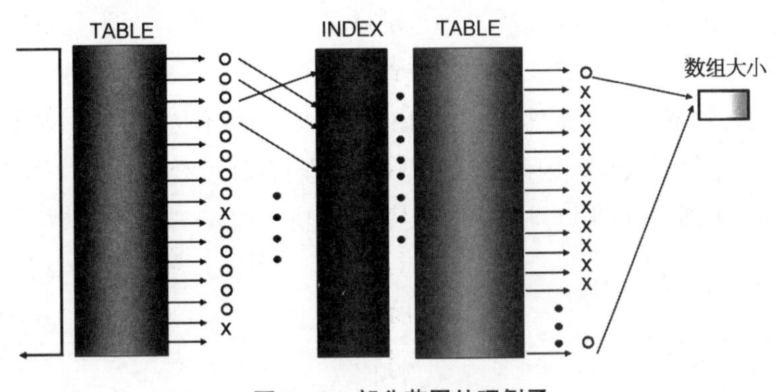

图 5-2　部分范围处理例子

3）处理性能

全范围处理的性能取决于查找所有符合条件的行的扫描数、部分范围处理的性能取决于只查找符合数组大小(array size)的行的扫描数。如果符合条件的全部范围小于数组大小(array size)，进行部分范围处理就没有意义。不同情况下全范围扫描和部分范围扫描的速度如图 5-3 所示。

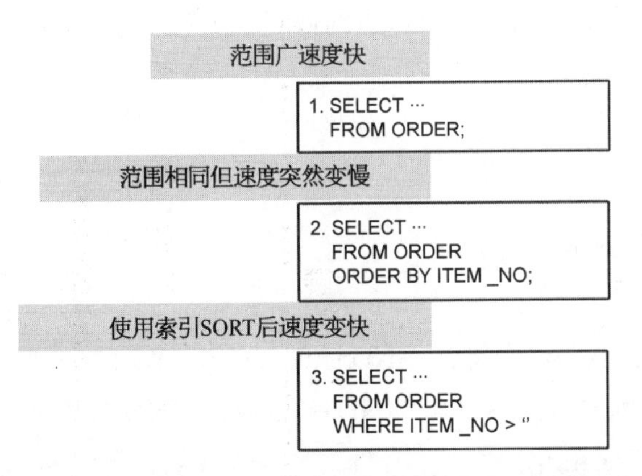

图 5-3　不同情况下全范围扫描和部分范围扫描的速度

4GL(第 4 代语言，用于数据库访问的语言)的 OLTP 程序中包含大部分可以进行部分范围处理的功能。即通过应用 stop key，装满同一屏幕中所示的数组大小(array size)的数

据时将停止查询,可通过多个 SQL 推算出执行速度。其特点如下:

(1) 执行速度快。如:

```
SELECT  …
FROM  ORDER;
```

条件公式的对象范围大。但对表执行 FULL SCAN 时不读取全部范围也可快速确定初始数组大小。

(2) 排序后要按升序查看结果时速度变慢。如:

```
SELECT  …
FROM  ORDER
ORDER BY  ITEM_NO;
```

条件公式的对象范围广并全部执行 FULL SCAN,如果不按 ITEM_NO 值执行排序操作,则无法确定初始数组大小。因此进行全范围处理会使速度变慢。

(3) 变更为应用索引的 SQL 时执行速度重新变快。如:

```
SELECT  …
FROM  ORDER
WHERE  ITEM_NO  > '';
```

以升序读取 ITEM_NO 索引时不执行排序操作也可获得所需结果。因此,不读取全部范围也可快速确定初始数组大小(array size)。对进行全范围处理的 SQL 使用索引时可进行部分范围处理,执行速度变快。

5.1.2 部分范围处理的使用原则

1) 先处理对象范围较窄的条件始终更有利

进行部分范围处理时重要的是快速达到数组大小(array size)。为此,快速提取符合条件的数据非常重要。请参考以下例子:

```
SELECT  o.ord_qty, i.item_name
FROM order o, item i
WHERE  i.itm_no = o.itm_no
  AND  i.itm_no BETWEEN 1  AND 10
  AND  o.custno LIKE  '5%';
```

(1) 决定上述范围的条件中符合"AND i.itm_no BETWEEN 1 AND 10"的对象范围窄。

(2) 决定上述范围的条件中符合"AND o.custno LIKE '5%'"的对象范围较广。

符合条件的 HIT Ratio:

(1) 如果首先读取符合上述(2)的条件的 ORDER 表后连接 ITEM 表,连接后符合(1)的条件的表非常少,为 6 个中的 2 个。因此命中率较低。

(2) 如果首先读取符合上述(1)的条件的 ITEM 表后连接 ORDER 表,连接后符合(2)

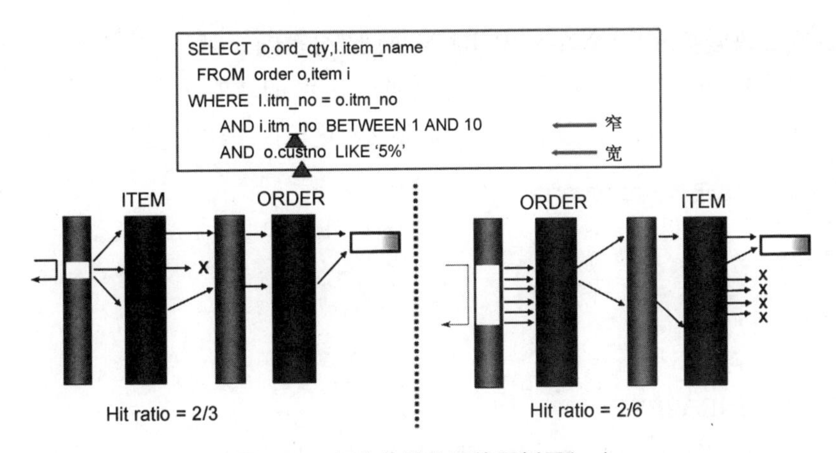

图 5－4　部分范围处理使用例子(一)

的条件的表较多,为 3 个中的 2 个。因此命中率较高。

因此,先处理对象范围较窄的条件可提高命中率,保证良好的性能。

2）使用 UNION ALL 代替 UNION

将两个以上的 SQL 结果合并为一个时使用 UNION 或 UNION ALL,若要使用部分范围处理必须使用 UNION ALL,如图 5－5 所示。

(1) UNION：为删除各个查询结果中重复的数据,必须执行排序操作。

(2) UNION ALL：显示结果时不移除各个查询结果中重复的数据。因此不会执行排序操作。

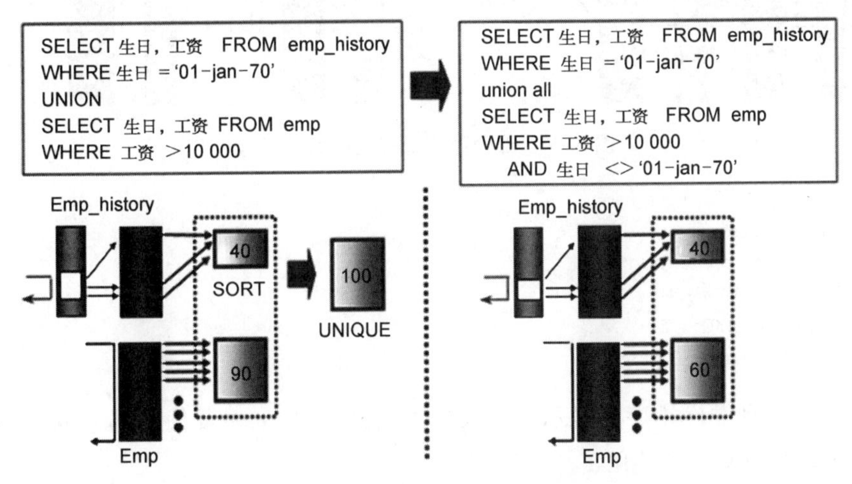

图 5－5　部分范围处理使用例子(二)

以下是从两个表中分别提取生日和工资的 SQL 语句。

```
SELECT  生日,工资  FROM emp_history
WHERE  生日 = '01-jan-70'
UNION
SELECT  生日,入职日期,工资  FROM emp
WHERE  工资 >10000;
```

为删除重复数据使用了 UNION,因此无法执行部分范围处理。可按如下方法修改为:不移除重复数据的 UNION ALL,从一开始为了使各个 SQL 的结果不重复,在第二个 SQL 中加上"AND 生日 <> 01-jan-70",执行此操作后不必再进行排序,可快速确定初始数组大小。

```
SELECT 生日,工资 FROM emp_history
WHERE 生日 = '01-jan-70'
UNION all
SELECT 生日,入职日期,工资 FROM emp
WHERE 工资 >10000
  AND 生日 <>  '01-jan-70';
```

3) 应用 INLINE VIEW

应用 INLINE VIEW 的部分范围处理使用例子,如图 5-6 所示。

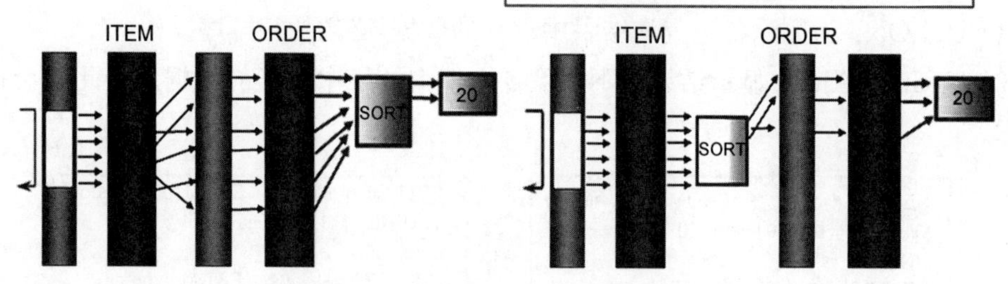

图 5-6 部分范围处理使用例子(三)

```
SELECT o. ord_qty, I. item_name
FROM order o, item I
WHERE I. itm_no = o. itm_no
  AND I. itm_no BETWEEN 1 AND 10
  AND o. custno LIKE  '5%'
ORDER by I. itm_name, I. price;
```

按特定表的列顺序排序并显示多个表的连接结果时,如果要使用部分范围处理,可从以下两个方法中选择一个使用:

(1) 在 In-line view 中对要排序的表进行 ORDER BY 并用作 driving table 以执行 NESTED LOOP JOIN。如:

```
SELECT /* + ordered use_nl(I o) * / o. ord_qty, I. item_name
FROM (SELECT item_name, itm_no
      FROM item
      WHERE I. itm_no BETWEEN 1 AND 10
      ORDER BY I. itm_name, I. price) I, ORDER o,
```

```
WHERE I.itm_no = o.itm_no
  AND o.custno LIKE '5%';
```

注意：Inline view 内的 ORDER BY 仅可用于 Oracle 8i 以上版本。

(2) 对 ORDER BY 子句中的列生成组合索引并将 item 表用作 driving table 以执行 NESTED LOOP JOIN。如：

```
CREATE index I_itm_name_price on item(itm_name, price);
SELECT  /* + index (I  I_itm_name_price) ordered use_nl(I o)  * / o.ord_qty, I.item_name
FROM  item I, order o
WHERE  I.itm_no = o.itm_no
  AND  I.itm_no BETWEEN 1  AND 10
  AND  o.custno LIKE  '5%'
ORDER BY I.itm_name, I.price;
```

5.2　查找 MAX 和 MIN 值

要在符合条件的数据中查找 MAX 和 MIN 值时，应用索引可最大限度地缩小扫描范围，如图 5 - 7 所示。

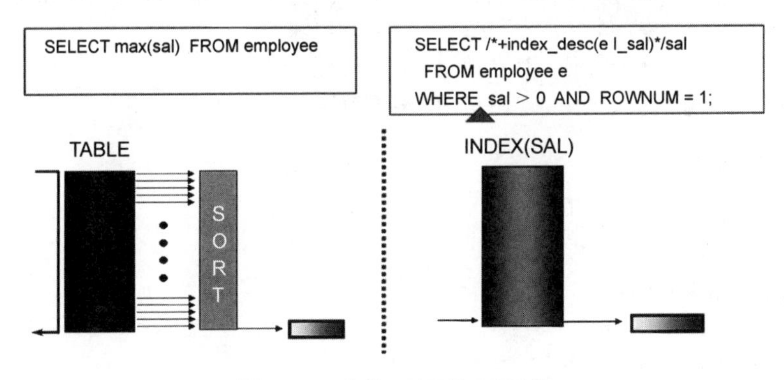

图 5 - 7　查找 MAX 和 MIN 值

以下是查找全部员工中工资最高员工的 SQL。

```
SELECT  max(sal)
FROM  employee;
```

由于对象是全部员工，上述 SQL 将同时进行 TABLE FULL SCAN+SORT，因此响应速度会变慢。但若有基于工资列创建的索引，可应用该索引最小化扫描范围。即，在工资索引中工资最高的员工排在最后。因此，以倒序方式查找索引时最前面的员工工资最高。如：

```
SELECT  /* + index_desc(e I_sal)  * / sal
```

```
FROM employee e
WHERE sal > 0 AND ROWNUM = 1;
```

5.3 索引和 ROWNUM 的使用例子

以下 SQL 是在符合 PK 的列中，对 3 个 leading column 指定输入值，并查找其中日期最晚（最大值）的值，如图 5 - 8 所示。

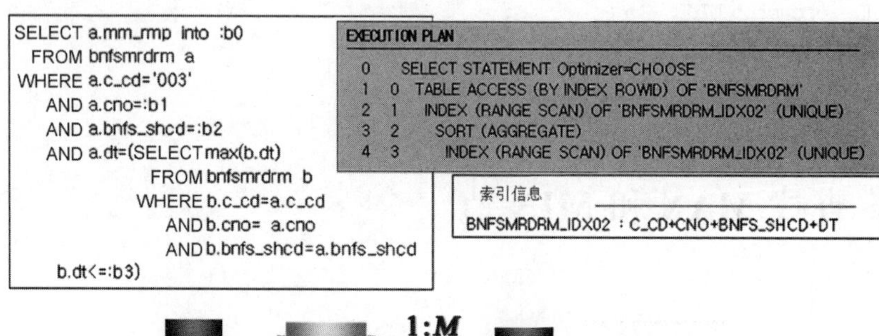

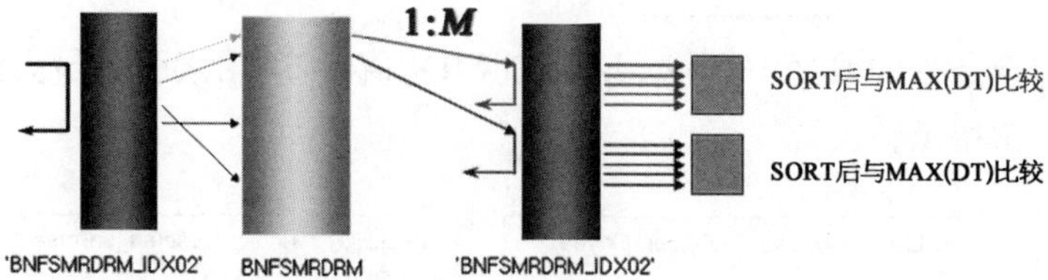

图 5 - 8　查询列的例子

```
SELECT a.mm_rmp into :b0
FROM bnfsmrdrm a
WHERE a.c_cd='003'
  AND a.cno = :b1
  AND a.bnfs_shcd = :b2
  AND a.dt = (SELECT max(b.dt)
             FROM bnfsmrdrm b
             WHERE b.c_cd = a.c_cd
               AND b.cno = a.cno
               AND b.bnfs_shcd = a.bnfs_shcd
               AND b.dt< = :b3);
```

执行计划>

```
-------------------------------------------------------------
 0       SELECT STATEMENT Optimizer = CHOOSE
 1    0   TABLE ACCESS (BY INDEX ROWID) OF'BNFSMRDRM'
 2    1     INDEX (RANGE SCAN) OF'BNFSMRDRM_IDX02'(UNIQUE)
 3    2       SORT (AGGREGATE)
 4    3         INDEX (RANGE SCAN) OF'BNFSMRDRM_IDX02'(UNIQUE)
```

1) 索引信息

BNFSMRDRM_IDX02 : C_CD + CNO + BNFS_SHCD + DT

2) 问题

符合上述 MAIN QUERY 条件的对象较多时，相应子查询的对象也会变多，响应速度会变慢很多。

扫描范围＝MAIN QUERY(符合条件的范围)＋SUB QUERY(符合条件的范围

3) 解决方案 1

进行子查询时，按倒序方式读取索引以最小化扫描范围，如图 5-9 所示。

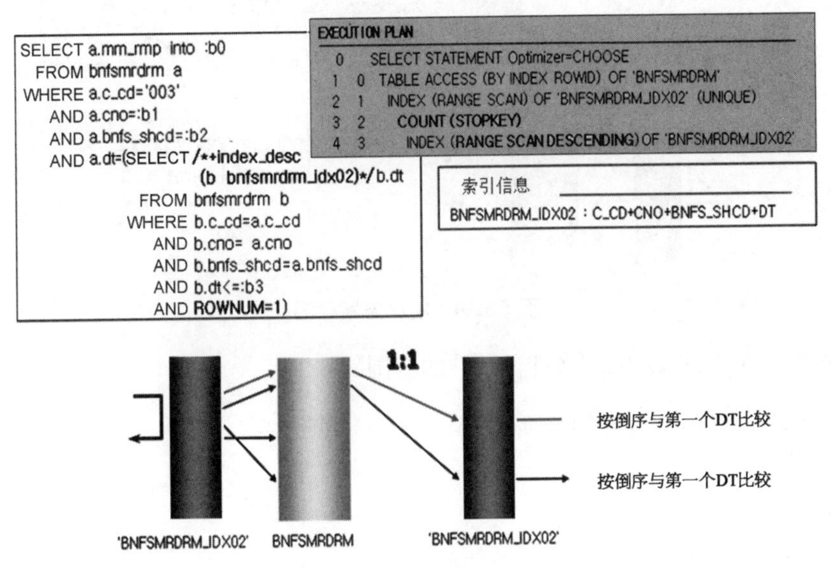

图 5-9 解决方案(一)

扫描范围＝MAIN QUERY(符合条件的范围)＋SUB QUERY(1 * 符合条件的范围)

```
SELECT a.mm_rmp into :b0
FROM bnfsmrdrm a
WHERE a.c_cd='003'
  AND a.cno = :b1
  AND a.bnfs_shcd = :b2
  AND a.dt = (SELECT /* + index_desc (b  bnfsmrdrm_idx02) * /  b.dt
            FROM bnfsmrdrm b
            WHERE b.c_cd = a.c_cd
              AND b.cno = a.cno
              AND b.bnfs_shcd = a.bnfs_shcd
              AND b.dt< = :b3
              AND ROWNUM = 1)
```

执行计划>

```
----------------------------------------------------------------
 0        SELECT STATEMENT Optimizer = CHOOSE
```

```
1    0  TABLE ACCESS (BY INDEX ROWID) OF'BNFSMRDRM'
2    1    INDEX (RANGE SCAN) OF'BNFSMRDRM_IDX02'(UNIQUE)
3    2      COUNT (STOPKEY)
4    3        INDEX (RANGE SCAN DESCENDING) OF'BNFSMRDRM_IDX02'
```

4) 解决方案 2

删除子查询并对 MAIN QUERY 的 SELECT 语句使用函数以获得所需结果，如图 5 - 10 所示。

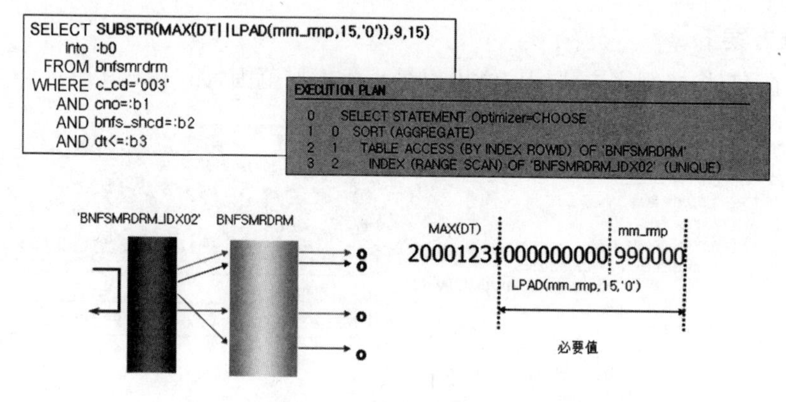

图 5 - 10 解决方案(二)

扫描范围＝MAIN QUERY(符合条件的范围)

```
SELECT  SUBSTR(MAX(DT||LPAD(mm_rmp,15,'0')),9,15)  into :b0
FROM bnfsmrdrm
WHERE c_cd ='003'
  AND cno = :b1
  AND bnfs_shcd = :b2
  AND dt<= :b3
```

执行计划>

```
--------------------------------------------------------------
0        SELECT STATEMENT Optimizer = CHOOSE
1    0   SORT (AGGREGATE)
2    1     TABLE ACCESS (BY INDEX ROWID) OF'BNFSMRDRM'
3    2       INDEX (RANGE SCAN) OF'BNFSMRDRM_IDX02'(UNIQUE)
```

按以上方式对 SELECT 子句使用函数时会增加对函数的 CPU 操作，扫描范围较窄时反而可能会变慢。但实际上由 CPU 产生的附加影响小之又小，可忽略不计。

5.4 按输入值变更执行计划

查询列的例子如图 5 - 11 所示。

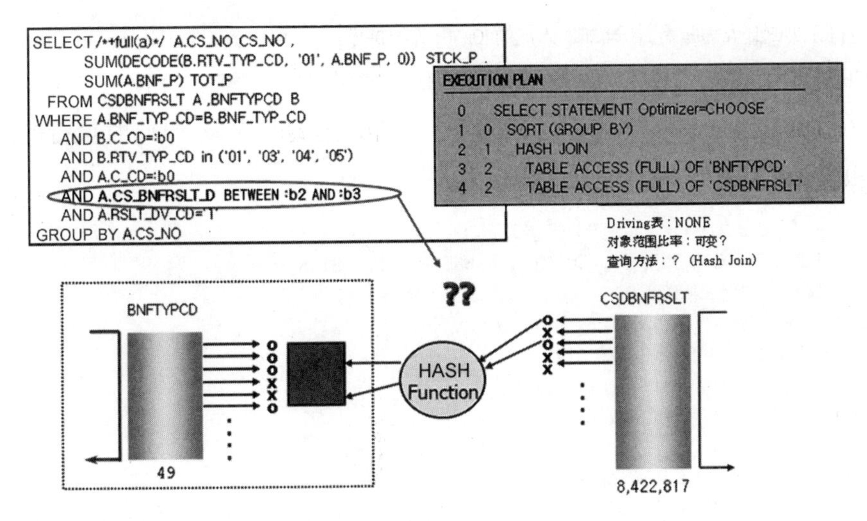

图 5 - 11　查询列例子(二)

1）问题

在上述 SQL 中,可以最大限度地缩小扫描对象范围值且可使用索引的条件为“AND A. CS_BNFRSLT_D BETWEEN :b2 AND :b3”。用户在画面上输入的 :b2 和 :b3 值的范围较广时执行 FULL SCAN 较有效;反之范围窄时应使用索引。但 SQL 只有一个,无法根据输入值变更执行计划。因此,固定使用一个执行计划时,响应速度会随输入值而发生较大变化。在以下情况下,当输入值的范围较窄时也无法应用索引,与预期不同,响应速度非常慢。

```
SELECT   /* +full(a) * / A.CS_NO CS_NO,
         SUM(DECODE(B.RTV_TYP_CD,'01', A.BNF_P, 0))  STCK_P,
         SUM(A.BNF_P) TOT_P
FROM CSDBNFRSLT A, BNFTYPCD B
WHERE A.BNF_TYP_CD = B.BNF_TYP_CD
  AND B.C_CD = :b0
  AND B.RTV_TYP_CD in ('01','03','04','05')
  AND A.C_CD = :b0
  AND A.CS_BNFRSLT_D BETWEEN :b2 AND :b3
  AND A.RSLT_DV_CD ='1'
  GROUP BY A.CS_NO;
```

```
执行计划>
----------------------------------------------------------------
 0        SELECT STATEMENT Optimizer = CHOOSE
 1     0    SORT (GROUP BY)
 2     1      HASH JOIN
 3     2        TABLE ACCESS (FULL) OF'BNFTYPCD'
 4     2        TABLE ACCESS (FULL) OF'CSDBNFRSLT'
```

2）解决方案

若要使执行计划随输入值变化,应添加检查输入值的条件,将 SQL 分为两部分进行

UNION ALL。如下所示，当输入的日期范围超过 60 天时，SQL 将使用索引对 CSDBNFRSLT 表进行索引扫描，小于 60 天时可修改为对 CSDBNFRSLT 表执行 FULL SCAN。在这种情况下，根据输入值只执行两个 SQL 中的其中一个，此时执行的是最佳执行计划，可保证响应速度。

```
SELECT /* +full (a) * / A.CS_NO CS_NO,
        SUM(DECODE(B.RTV_TYP_CD,'01', A.BNF_P, 0))  STCK_P,
        SUM(A.BNF_P) TOT_P
  FROM CSDBNFRSLT A, BNFTYPCD B
WHERE A.BNF_TYP_CD = B.BNF_TYP_CD
     AND B.C_CD = :b0
     AND B.RTV_TYP_CD in ('01','03','04','05')
     AND A.C_CD = :b0
     AND A.CS_BNFRSLT_D  BETWEEN :b2 AND :b3
     AND A.RSLT_DV_CD ='1'
     AND to_date(:b3,'yyyymmdd') — to_date(:b2,'yyyymmdd') > 60
GROUP BY A.CS_NO
UNION ALL
SELECT A.CS_NO CS_NO,
          SUM(DECODE(B.RTV_TYP_CD,'01', A.BNF_P, 0))  STCK_P,
          SUM(A.BNF_P) TOT_P
  FROM CSDBNFRSLT A, BNFTYPCD B
WHERE A.BNF_TYP_CD = B.BNF_TYP_CD
     AND B.C_CD = :b0
     AND B.RTV_TYP_CD in ('01','03','04','05')
     AND A.C_CD = :b0
     AND A.CS_BNFRSLT_D  BETWEEN :b2 AND :b3
     AND A.RSLT_DV_CD ='1'
     AND to_date(:b3,'yyyymmdd') — to_date(:b2,'yyyymmdd') =< 60
GROUP BY A.CS_NO;
```

```
执行计划>
------------------------------------------------------------------
0       SELECT STATEMENT Optimizer = CHOOSE
1    0   UNION-ALL
2    1     SORT (GROUP BY)
3    2       FILTER
4    3         HASH JOIN
5    4           TABLE ACCESS (FULL) OF'BNFTYPCD'
6    4           TABLE ACCESS (FULL) OF'CSDBNFRSLT'
7    1     SORT (GROUP BY)
8    7       FILTER
9    8         HASH JOIN
10   9           TABLE ACCESS (FULL) OF'BNFTYPCD'
11   9           TABLE ACCESS (BY INDEX ROWID) OF'CSDBNFRSLT'
12   10              INDEX (RANGE SCAN) OF'CSDBNFRSLT_IDX'
```

5.5 正确使用SQL

1) 例子(一)

正确使用SQL的例子(一)如图5-12所示。

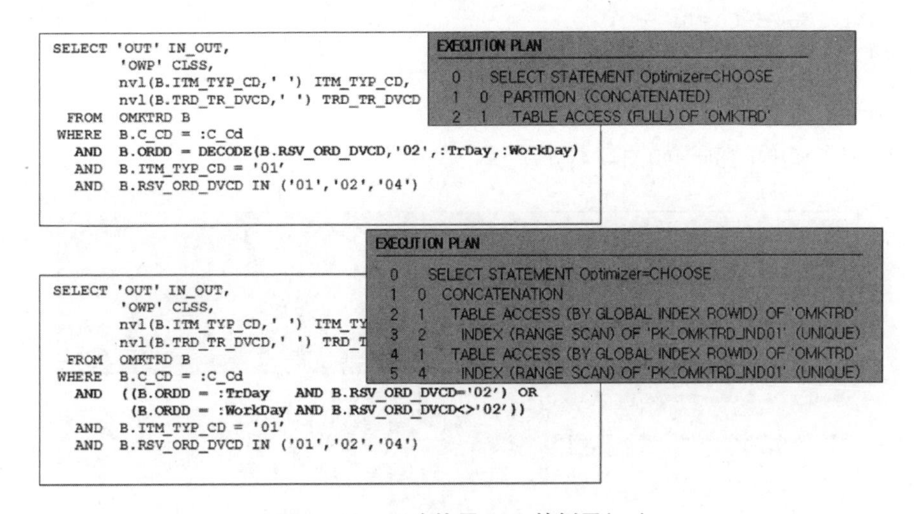

图5-12 正确使用SQL的例子(一)

(1) 问题：在上述SQL中，ORDD是唯一性较好的列。因此B.ORDD=:TrDay或B.ORDD=:WorkDay的扫描范围较窄，使用索引时响应速度非常快。但当上述SQL中B.ORDD,B.RSV_ORD_DVCD的值等于'02'时应与：TrDay比较，否则应与：WorkDay比较。因此创建的条件公式为B.ORDD=DECODE(B.RSV_ORD_DVCD,'02',:TrDay,:WorkDay)。但条件公式的两边是列时优化器会判断无法使用索引。此时上述条件与输入值无关，会对表进行全范围扫描，因此响应速度较慢。

```
SELECT'OUT' IN_OUT,
   'OWP' CLSS,
      nvl(B.ITM_TYP_CD,'') ITM_TYP_CD,
          nvl(B.TRD_TR_DVCD,'') TRD_TR_DVCD
FROM OMKTRD B
WHERE  B.C_CD = :C_Cd
  AND  B.ORDD = DECODE(B.RSV_ORD_DVCD,'02',:TrDay,:WorkDay)
  AND  B.ITM_TYP_CD ='01'
  AND  B.RSV_ORD_DVCD IN ('01','02','04');
```

(2) 解决方案：可通过OR将以上条件分为两个条件。在这种情况下，优化器使用OR从内部分为两个SQL语句并各自使用索引，再将执行结果合并(CONCATENATION)为一个结果。

```
SELECT'OUT' IN_OUT,
        'OWP' CLSS,
        nvl(B.ITM_TYP_CD,'') ITM_TYP_CD,
        nvl(B.TRD_TR_DVCD,'') TRD_TR_DVCD
FROM  OMKTRD B
WHERE B.C_CD = :C_Cd
    AND ((B.ORDD = :TrDay   AND B.RSV_ORD_DVCD ='02')   OR
          (B.ORDD = :WorkDay   AND B.RSV_ORD_DVCD<>'02'))
    AND B.ITM_TYP_CD ='01'
    AND B.RSV_ORD_DVCD IN ('01','02','04');
```

2) 例子(二)

正确使用 SQL 的例子如图 5 - 13 所示。

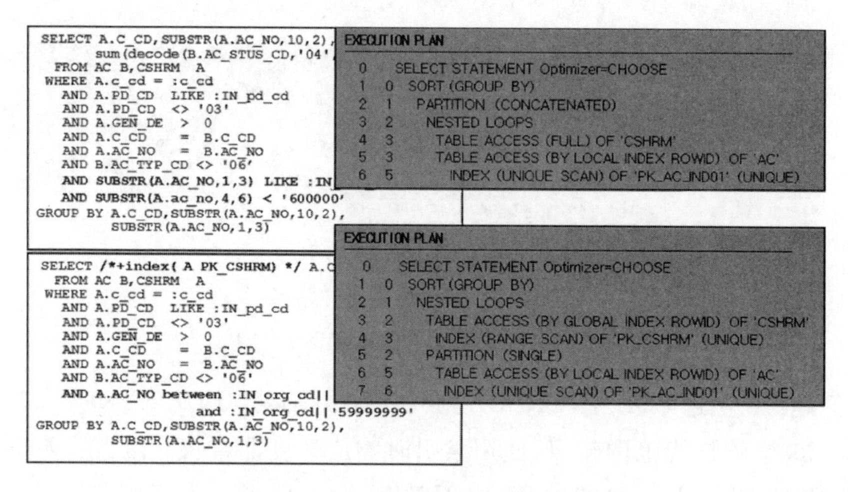

图 5 - 13　正确使用 SQL 的例子(二)

(1) 问题：连接的两个表的条件中决定扫描范围的条件是 "AND SUBSTR(A.AC_NO,1,3) LIKE :IN_org_cd AND SUBSTR(A.ac_no,4,6) < 600000"。但因对列使用函数所以无法应用索引，即便条件的扫描范围较窄也无法改善响应速度(AC_NO 由 11 位字符构成，后面 8 位字符保存为数字值)。

```
SELECT A.C_CD,SUBSTR(A.AC_NO,10,2), SUM(decode(B.AC_STUS_CD,'04',A.gen_de,0))
FROM  AC B,CSHRM  A
WHERE  A.c_cd = :c_cd
  AND  A.PD_CD  LIKE :IN_pd_cd
  AND  A.PD_CD  <>'03'
  AND  A.GEN_DE  > 0
  AND  A.C_CD = B.C_CD
  AND  A.AC_NO = B.AC_NO
  AND  B.AC_TYP_CD <>'06'
  AND  SUBSTR(A.AC_NO,1,3) LIKE :IN_org_cd
  AND  SUBSTR(A.ac_no,4,6) <'600000'
```

```
GROUP BY A.C_CD,SUBSTR(A.AC_NO,10,2), SUBSTR(A.AC_NO,1,3)
```

（2）解决方案：条件子句 AND SUBSTR(A.ac_no,4,6) <'600000'解析后与 BETWEEN '000001'||'00'和'599999'||'99'相同。因此可按以下方法变更条件公式并使用相应索引。

```
SELECT /*+INDEX(A  PK_CSHRM) */A.C_CD, ……
FROM AC B,CSHRM  A
WHERE A.c_cd = :c_cd
  AND A.PD_CD  LIKE :IN_pd_cd
  AND A.PD_CD  <>'03'
  AND A.GEN_DE > 0
  AND A.C_CD = B.C_CD
  AND A.AC_NO = B.AC_NO
  AND B.AC_TYP_CD <>'06'
  AND A.AC_NO BETWEEN :IN_org_cd||'00000100' AND:IN_org_cd||'59999999'
GROUP BY A.C_CD,SUBSTR(A.AC_NO,10,2), SUBSTR(A.AC_NO,1,3)
```

5.6 索引生成标准

特定表根据访问模式生成不同索引，如图 5-14 所示。

<table>
<tr><th>顺序</th><th>条　件</th><th>必要索引</th><th>运行次数</th><th>运行速度改善</th></tr>
<tr><td>1</td><td>Col1=，col2 LIKE，col3=</td><td>Col1+col3+col2</td><td>10 000</td><td rowspan="3">1 s→0.5 s
2 s→1 s</td></tr>
<tr><td>2</td><td>Col1=，col3 BETWEEN，col2=</td><td>Col1+col2+col3</td><td>100 000</td></tr>
<tr><td>3</td><td>Col1=，col3=</td><td>col1</td><td>500</td></tr>
</table>

图 5-14　考虑索引生成标准

从根本上来说创建索引是为了加快查找速度。因此开发者会为加快自己的应用程序速度而请求添加或变更索引。但如果创建特定索引，反而会对整体执行性能造成不良影响。因此为确定特定表的索引构成，需要调查访问表的 SQL 的访问模式，并基于调查结果做出综合性的判断。此外，添加索引时最好计算查找负载量减少和 DML 负载量增加造成的大致损益。

1）使用 Col1+Col3+Col2 时

（1）SQL1 速度改善：1 000×0.5=500 s

（2）SQL2 速度低下：100 000×1=100 000 s

（3）SQL3 速度改善：5 000×0.5=2 500 s

2）使用 Col1+Col2+Col3 时

（1）SQL1 速度低下：1 000×0.5=500 s

(2) SQL2 速度改善：100 000×1=100 000 s

(3) SQL3 速度低下：5 000×0.5=2 500 s

3）两个都生成时

(1) SQL1 速度改善：1 000×0.5=500 s

(2) SQL2 速度改善：100 000×1=100 000 s

(3) SQL3 速度改善：5 000×0.5=2 500 s

4）一个索引的 DML 负载量(速度低下)

(1) INSERT (100 000)+DELETE(100 000)+UPDATE(50 000)=250 000 次

(2) DML 执行时间：250 000×0.01 s=2 500 s

(3) 每添加 1 个索引时 DML 负载量增加(20%～30%)：增加 2 500 s×0.3=750 s

在上述情况下 DML 的负载量非常少。因此生成两个索引对整个系统较为有效。

第6章

数据库调优快速指南

6.1 SQL 调优的重要性

调优大致分为两个区域。一个是决定数据处理速度的系统区域，另一个是决定处理工作量的应用程序区域。决定数据处理速度的系统区域有硬件架构、网络(network)、O/S、磁盘(disk)、DBMS等，决定工作量的要素有业务数据量、数据设计、应用程序设计、逻辑、SQL、模式(schema)构成等。其中任何一个严重超出合理范围或出现瓶颈现象(bottleneck)都会对整体性能造成致命影响。因此协调构成系统区域中的多个要素是首要操作，确定结构时保证性能应达到用户满意的水平。将某个要素视作全部要素，肯定是未意识到系统有多少危险要素。如果将正常构成这些系统要素作为前提条件，应将重点放在改善性能的应用程序上。如果要实实在在地感受到应用程序速度的改善，则必须执行减少处理工作量的逻辑和变更SQL的操作。其中约80%以上的实际系统性能改善是通过SQL调优完成的。因此，有时狭义上将调优指定为SQL调优使用。数据处理速度与数据处理量的关系如图6-1所示。

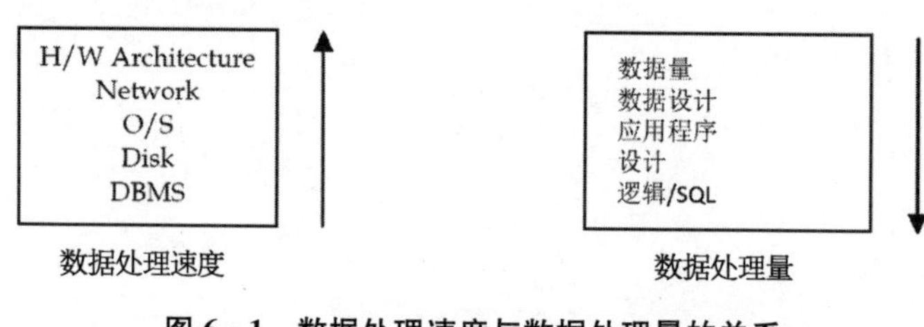

图6-1 数据处理速度与数据处理量的关系

6.2 SQL 调优的必要性

从关系型数据库提取数据的方法只有使用SQL的方法。但根据以下条件和环境，所执行的SQL会提取完全不同的结果。

(1) 是否为DB Tuning状态?

(2) 用哪种物理方法保存数据?

(3) 如何创建索引?

(4) 为快速提取数据如何使用索引?

(5) 用户如何构思SQL?

此外，根据 DBMS 的优化器(optimizer)从内部采取两种不同办法提取数据，所得结果相同的两个 SQL 的执行速度也会大不相同。优化器具有提取用户所需数据的多个路径和方法，可根据 SQL 的构思方式确立不同的执行计划，因此提取数据的速度也各不相同。所以 SQL 的执行速度取决于开发者对优化器的了解程度。每次 DBMS 版本(version)更新时，优化器功能都会有所改善，而且部分会变化。因此要了解不同 DBMS 版本的相应功能，优化器确立错误的执行计划或用户有更好的执行计划时，还应了解下达指令变更路径的方法。

6.3　创建索引与改善性能的关系

有时会听到学过基础 SQL 调优的人说"没有索引性能才会慢，因此要创建索引"、"如果进行全范围扫描表，要变更为索引扫描"，这是片面掌握相关知识造成的偏见。在大部分情况下，使用索引性能会提高，但如果未准确理解其原理，使用索引反而会使性能下降，因此要根据情况适当地使用。

6.4　索引的定义

所创建的表是保存数据的一种记录账簿。只是把要记录在账簿上的内容移至 DB。假设将某个店铺的客户信息写进账簿进行管理。账簿中对客户登记时无特定顺序，随意登记(关系型 DB 的特征)。如果店主想在客户生日时邮寄生日卡，除了翻看全部账簿查找过生日的客户，并无其他方法(FULL TABLE SCAN)。客户数较少时这种方法并无问题，但客户数越多问题越严重。店主绞尽脑汁制作出按客户生日顺序排序的小账簿(INDEX)。小账簿中只记下生日和该客户在大账簿中的页数(ROWID)。此后查找特定日期过生日客户的方法为先查找小账簿，找到相应页数后查找大账簿(TABLE SCAN BY ROWID)，这样就能轻松完成查找。小账簿按生日顺序排序，因此可中途停止查找对象(INDEX RANGE SCAN)。如果要按这种方法加快查找账簿中特定列的特定值的客户的速度，可使用该列创建索引。因此可根据需要对大账簿创建多个索引账簿。总体来说，索引只不过是快速提取表中的数据的手段。

6.5　创建太多索引对性能的影响

如果创建太多索引账簿，客户信息经常变化，新客户继续增加时会出现问题。这是由于变更、登记大账簿的客户时小账簿也要进行变更、登记。因此，小账簿较多时店主增加了不必要的工作量。但如果账簿的内容基本不变，即使创建很多小账簿也基本不影响性能，但有额外购买所需账簿的负担(DISK)。

6.6 创建索引时最有效的列

访问表时使用索引并非始终有效，更没有创建索引的公式。下面列出了常用的列，确定索引时用作参考会有很大帮助，但最终还是要通过判断业务事务的性质来灵活确定索引。

(1) 经常出现在 SQL 条件语句的列。

(2) 相同值较少的列(选择度低于 10%的列)。

(3) 参与连接的列。

(4) 不会经常发生值变化的列。

(5) 单独生成选择度较好的列以提高利用率。

(6) 经常组合使用时生成组合索引。

(7) 为满足各种访问事件个数分担索引间的作用。

(8) 主关键字和外部关键字(连接时起链路作用的列)。

(9) 注意选择组合索引的列顺序。

(10) 使用重复执行(loop 内)的条件时执行速度最快。

(11) 根据实际调查的访问种类进行选择和验证。

6.7 使用索引时的注意事项

设置索引后合理使用和管理索引非常重要。以下内容是使用索引时会出现的所有事项的使用和管理重点。

(1) 新添加的索引可能会影响默认访问路径。

(2) 成本(cost)相同的索引优先参考最后生成的索引。

(3) 索引太多时会产生额外开销。

(4) 用索引处理大范围内容时会产生额外开销。

(5) 应定期更新优化器的统计数据。

(6) 索引的数量根据表的使用形态适当生成。

(7) 选择度良好的列也会因处理范围而使选择度变差。

(8) 遵循索引的使用原则才可使用索引。

(9) 连接时应注意是否使用索引。

6.8 优化器不使用索引的情形

即使 SQL 中已有所需的索引且使用索引访问数据较为有利,在以下情况下也不会使用索引:

(1) 索引列发生转换后。

(2) 以不定形式描述条件时。

(3) 比较 NULL 时。

(4) 基于优化器的判断(cost_based)。

(5) 出现内部转换时。

6.9 优化器的执行计划

优化器是为迅速提取所需数据而利用多种算法创建的 DBMS 的核心程序之一。到目前为止,随着 DBMS 版本变化,优化器的功能也有较大的进步,并且多样化发展,以后会达到可最大限度地降低用户干预的程度。但即使是制作精良的优化器也无法通过算法做出综合性的判断,最后还是需要人的判断。因此若要做好 SQL 调优,程序员应一定程度上了解优化器的功能。换而言之,如果某些部分已充分利用优化器,而某些部分优化器建立了错误的执行计划,程序员能够使用提示对其进行修改。

6.10 优化器的种类

优化器通过 SQL 创建的内容确定执行计划的方式有两种:基于规则(rule-based)的方式,以及通过计算成本确定执行计划的基于成本(cost-based)的方式。基于成本的方式又分为 FIRST_ROWS 和 ALL_ROWS。根据如何选择优化器,应用程序从创建到调优的操作方式或结果可能完全不同,因此应仔细选择优化器。一旦选择优化器模式,应用程序开发到一定程度后实际上无法修改模式,如果进行变更则可能会导致要重新进行 SQL 调优操作的后果。以下表 6－1 内容分别介绍这四种模式的优缺点。

表 6－1 四种模式优化器的优缺点

Mode	优 点	缺 点
Rule	无须进行 ANALYZE 操作	非常依赖专家
	满足一定的响应速度	无法使用优化器的大部分功能
CHOOSE	最大限度地应用优化器的功能	须定期进行 ANALYZE 操作
		所确立的执行计划低效
FIRST_ROWS	确立以 NESTED LOOP 为主的执行计划	一部分需进行变更为 HASH JOIN 的操作
ALL_ROWS	确立以 HASH JOIN 为主的执行计划	一部分需进行变更为 NESTED LOOP 的操作

6.11 进行表连接的方式

连接(JOIN)是用户所需的数据在多个表中时,通过连接特定列来提取数据的方法。连接时查找最佳路径非常重要,错误的使用会使 SQL 的性能降低数十倍、数百倍。最佳路径指执行较少工作量的方法。下面已列出决定工作量的多种情况:

(1) 无论从哪个方向连接,其结果均相同。

(2) 使用索引可有效减少连接次数。

(3) 连接时应以处理范围较小的表到处理范围较大的表的顺序进行。

(4) 应引导 OLTP 事务进行部分范围处理。

(5) 应引导批量事务使用哈希连接减少工作量。

(6) 除连接条件以外的条件子句将决定连接的顺序。

6.12 连接规则

优化器选择执行计划的方法根据连接列是否使用索引,连接方式将不同。以下介绍优化器按条件确定连接顺序的方法:

(1) 两边有索引时:将对象数较少的表用作 DRIVING 表。

(2) 只有一边有索引时:将没有索引的表用作 DRIVING 表。

(3) 两边无索引时：SORT-MERGE 或 HASH JOIN。

(4) 进行外部(outer)连接时：将没有(+)的表用作 DRIVING 表。

优化器的选择并不总是正确的。上述内容是调查优化器确定执行计划的方式，并不表示所确定的连接顺序是最有效的。解析文章和确定连接方法的情况非常多，因此更多的时候优化器无法确定连接方式。通常连接顺序从处理范围最窄的表开始按顺序处理最为有效。因此，需要始终按这种原则重新检查执行计划的操作。

6.13 连接方法

连接方法大致分为三种：

(1) 第一种为 NESTED LOOP JOIN，如图 6-2 所示，主要用于在线事务的 SQL，将原始表中符合条件的各个行按顺序一一连接，直到连接最后一个表，通过连接筛选数据。这种连接方式的优点是按索引顺序处理数据时可进行部分范围处理，要查找的值范围较小时响应速度较快。

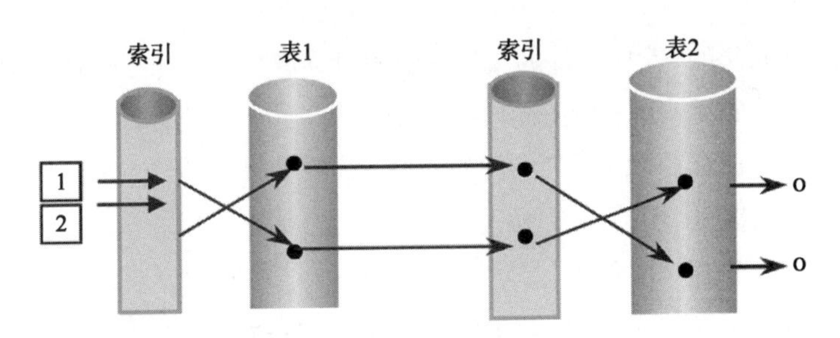

图 6-2 NESTED LOOP JOIN

(2) 第二种连接方法为 SORT MERGE JOIN，如图 6-3 所示，主要用于进行批量处理的 SQL，是按连接列分别对连接的表或数据集进行排序，并合并其结果的方法。在这种情况下，连接范围较大的表或连接列未包含索引时可快速提取要查找的全部数据集。

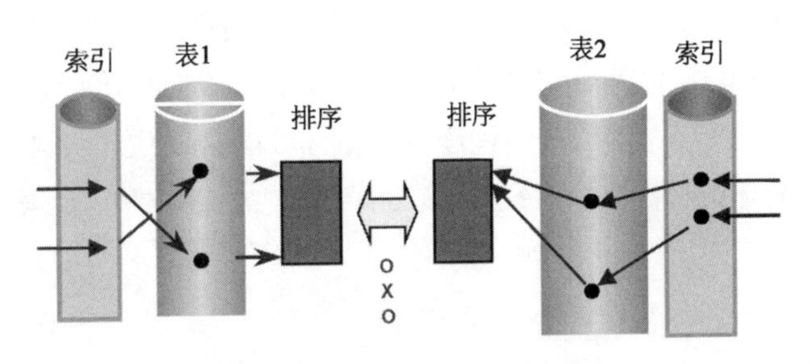

图 6-3 SORT MERGE JOIN

(3) 第三种连接方法为 HASH JOIN,如图 6-4 所示,这种方法作为可快速进行 SORT MERGE JOIN 的连接方法,主要用于进行批量处理的 SQL。哈希对连接表中较小的表执行哈希,以便最大限度地减少排序操作和输入输出操作,比 SORT MERGE JOIN 能更快地提取全部数据集。

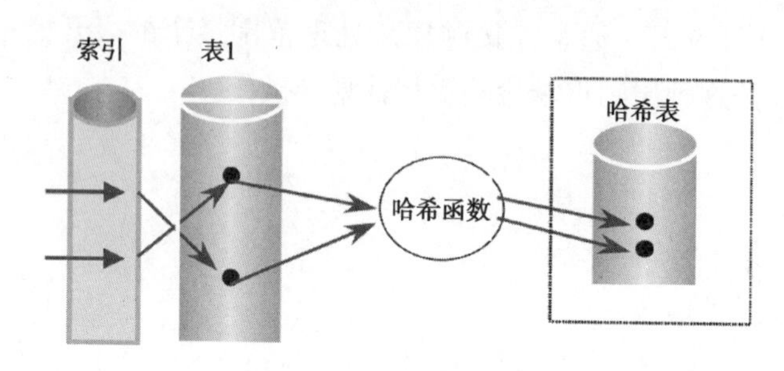

图 6-4 HASH JOIN

6.14 部分范围处理

如果符合用户创建的 SQL 条件的结果总共有 1 000 条,但在用户界面中每页显示的记录数为 20 条,客户端的用户只需要最初的 20 条结果,而不是全部结果。因此,不查找全部 1 000 条结果,通过 NESTED-LOOP 只优先查找 20 条结果并传送至应用程序,响应速度会快几十倍。在这种情况下,用户可在画面上立即查看 20 条结果。通过这种方式,优化器不必查找符合 SQL 条件的全部行便可显示一部分结果,这种处理方式即为部分范围处理。这是改善在线事务响应速度的要素,可减少整个系统的负载量。

访问关系型数据库的数据时根据如何使用 SQL,响应速度会有数倍至数百倍的差距。这代表优化器提取数据的方法多种多样。以笔者亲身经历的许多项目的编程方式为例,继续沿用过去使用第 3 代语言编程的方法创建提取方式的情况非常多。由于对数据库优化器的理解不足,而且非常缺乏 SQL 批量处理数据的基础知识,开放系统时不得不重新调优系统,努力与结果不成正比。学习 SQL 的知识重点不仅仅是为获得所需结果而创建 SQL,而是充分掌握基础知识,其水平当达到理解相应执行计划,了解如何修改 SQL 以及修改后所带来的影响时,SQL 才能发挥其效果。俗话说"庸医杀人",如果不能综合管理系统的复合结构和各个要素之间的影响,以及应用程序和 SQL,可能会发生不专业的管理员破坏系统的情况。但在这种最坏的情况下,请不要忘记能在最后关头对性能管理起到作用的部分为 SQL 调优。

参考文献

[1] Shee R, Deshpande K. Oracle Wait Interface: A Practical Guide to Performance Diagnostics & Tuning [M]. New York: McGraw-Hill, 2004.

[2] Oracle Database Performance Tuning Guide — Oracle [EB/OL]. https://docs.oracle.com/cd/E11882_01/server.112/e41573.pdf

[3] Dan T. SQL Tuning — O'Reilly Media [J]. Oreilly Media, 2003.

[4] Shasha D, Bonnet P. Database Tuning: Principles, Experiments and Troubleshooting Techniques [J]. Acm Sigmod Record, 2002, 33(2): 115 - 116.

[5] Tuning optimization D P. Database Performance Tuning and Optimization [M]. New York: Springer-Verlag, 2006.

[6] Database Tuning and Quality Management — WareValley [EB/OL]. https://www.warevalley.com.